职业教育产教融合培养创新人才成果教材

工业产品数字化设计与制造

主编　肖宏涛　麦伟锦　邹新斌

参编　黄俊铭　林昊炀　郑泽锦

机 械 工 业 出 版 社

本书系统地阐述了工业产品数字化设计与制造技术的方法、关键技术以及主流应用系统，以近年"全国职业院校技能大赛工业产品数字化设计与制造赛项"赛题为案例，采用项目导向式，详细讲解了三维扫描设备校准、喷涂显像剂、粘贴标示点、扫描与点云处理、坐标摆正、逆向建模、模型对比分析、零件的数控编程、零件的数控加工、装配验证的操作步骤、知识要点和应用技巧，并进行了逆向建模部分与数控加工部分赛题点评、经验分享。本书选用大赛指定的 Win3DD 扫描仪、Geomaigc Wrap 软件作为扫描和点云处理软件，选用 Geomagic Design X、NX 软件作为逆向建模和数控编程与仿真软件。

本书内容新颖、体系结构完整，力求反映工业产品数字化设计与制造技术的全貌；配套有详细的教学视频、数据文件及辅助实物，旨在帮助读者快速掌握相关知识要点和操作技巧。

本书可作为高等职业院校数字化设计与制造技术及相关专业的教材，也可作为工业产品数字化设计与制造赛项的指导教材，还可作为生产一线机械制造、材料成型等相关工种和岗位群的培训用书。

为便于教学，本书配套有电子课件、操作视频、案例模型等教学资源，凡选用本书作为授课教材的教师可登录 www.cmpedu.com 或 www.yin-natec.com/index.html 注册后下载。

图书在版编目（CIP）数据

工业产品数字化设计与制造/肖宏涛，麦伟锦，邹新斌主编. —北京：机械工业出版社，2021.9

职业教育产教融合培养创新人才成果教材

ISBN 978-7-111-68992-8

Ⅰ.①工… Ⅱ.①肖… ②麦… ③邹… Ⅲ.①工业产品-产品设计-数字化-职业教育-教材②工业产品-制造-数字化-职业教育-教材 Ⅳ.①TB4

中国版本图书馆 CIP 数据核字（2021）第 172121 号

机械工业出版社（北京市百万庄大街 22 号 邮政编码 100037）
策划编辑：黎 艳 责任编辑：黎 艳 赵文婕
责任校对：樊钟英 封面设计：张 静
责任印制：常天培
北京铭成印刷有限公司印刷
2022 年 1 月第 1 版第 1 次印刷
184mm×260mm · 15.5 印张 · 378 千字
0001—1900 册
标准书号：ISBN 978-7-111-68992-8
定价：49.00 元

电话服务 网络服务
客服电话：010-88361066 机 工 官 网：www.cmpbook.com
010-88379833 机 工 官 博：weibo.com/cmp1952
010-68326294 金 书 网：www.golden-book.com
封底无防伪标均为盗版 机工教育服务网：www.cmpedu.com

前　言

近年来，大数据、人工智能、工业机器人、工业互联网和工业 4.0 等新概念、新技术风起云涌，以智能制造为主要特征的第四次工业革命轮廓初现，制造业开始进入"智能制造"时代，数字化设计与制造技术也将面临新的发展格局。

随着技术的发展，逆向工程技术已经在工业中广泛应用于产品的复制、改进和创新设计；数控加工技术已经广泛应用于工业产品的生产制造过程中。国家为了推广逆向工程技术和数控加工技术的综合应用，积极主办了"全国职业院校技能大赛工业产品数字化设计与制造赛项"的比赛。该赛项已连续举办多年，在逆向工程、工业产品设计、数控加工等行业具有深远的影响。

本书以近年"全国职业院校技能大赛工业产品数字化设计与制造赛项"赛题为案例，采用项目导向式，详细讲解了三维扫描设备校准、喷涂显像剂、粘贴标志点、扫描与点云处理、坐标摆正、逆向建模、模型对比分析、零件的数控编程、零件的数控加工、装配验证的操作步骤、知识要点和应用技巧，并进行了逆向建模部分与数控加工部分赛题点评、经验分享。本书选用大赛指定的 Win3DD 扫描仪及 Geomaigc Wrap 软件作为扫描和点云处理软件，选用 Geomagic Design X、NX 软件作为逆向建模和数控编程与仿真软件。

本书内容新颖、体系结构完整，力求反映工业产品数字化设计与制造技术的全貌。为便于教学，本书配套有详细的教学视频、数据文件及辅助实物，旨在帮助读者快速掌握竞赛知识要点和操作技巧。

本书建议采用 144 学时。其中，项目 1~7 采用 72 学时，项目 8~10 采用 54 学时，项目 11 和项目 12 采用 18 学时。

受限于编者的知识水平和实践经验，书中难免存在不足之处，欢迎各位专家及读者批评指正。

编　者

（公众号二维码）

二维码索引

目　录

项目1　Win3DD扫描设备校准

学习目标

知识目标：

1. 了解 Win3DD 扫描设备工作原理
2. 理解光栅形成原理和标定板原理
3. 理解激光光栅发射与工业相机数据采集的关系
4. 了解扫描仪标定过程中的步骤和逻辑关系对精度的影响

技能目标：

1. 能根据 Win3DD 扫描仪的特点调整扫描仪的姿态
2. 能调整光栅发射器的分辨率
3. 能根据环境和光栅的分辨率调整相机曝光时间和亮度
4. 能够在设置好扫描系统后规范地摆放标定板位置
5. 能够熟练地对扫描仪进行校准

任务1.1　设备软件介绍

近年"全国职业院校技能大赛工业产品数字化设计与制造赛项"选定的 Win3DD 扫描仪配套软件为 Geomagic Wrap 2014。

Geomagic Wrap 2014 是一款功能强大的逆向工程软件，可以将 3D 扫描数据（或导入的文件）转换为 3D 模型，还可以将制作好的模型导出为 SAT、PRC、Step、VDA、NEU 等常用格式，广泛应用于航空航天、医疗卫生、电子产品等设计领域。下面对 Geomagic Wrap 2014 软件进行详细介绍。

双击 Geomagic Wrap 2014 桌面图标，打开图 1-1 所示界面。

Geomagic Wrap 2014 软件界面由以下几个部分组成：

（1）标题栏　位于界面最上方，用于显示当前工程名称。

（2）功能栏　位于标题栏下方，用于配合扫描仪完成扫描标定、数据采集以及点云处理等操作。

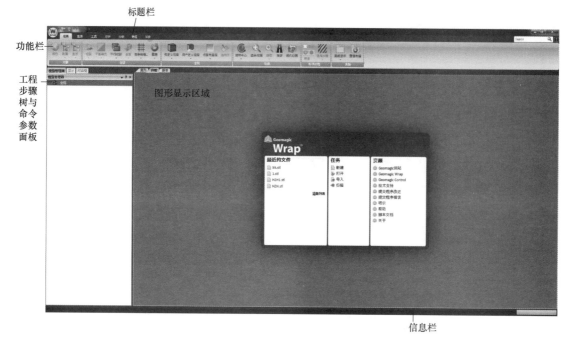

图 1-1　Geomagic Wrap 2014 软件界面

（3）工程步骤树与命令参数面板　位于功能栏下方的左侧，用于显示工程操作过程的所有步骤，在使用命令时，该部分会自动显示命令相关的参数设置面板。

（4）【Wrap 三维扫描系统】窗口　单击图 1-2 所示功能栏的【采集】选项卡下的【扫描】按钮后，弹出【Wrap 三维扫描系统】窗口，如图 1-3 所示。该窗口用于显示扫描仪相机拍摄的画面。

图 1-2　【扫描】按钮

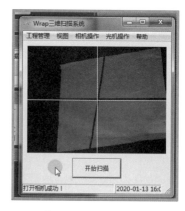

图 1-3　【Wrap 三维扫描系统】窗口

（5）图形显示区域　位于工程步骤树与命令参数面板的右侧，用于显示通过扫描仪获得的点云，并实时显示软件命令对点云数据操作的结果。

（6）信息栏　位于界面最下方，用于显示当前采集点数量等具体信息。

（7）快捷命令栏　位于图形显示区域的右侧，主要包含一些常用的命令工具，如【选择】【删除】【旋转】等。

任务1.2　设备的标定

设备的标定，即对三维扫描设备的内部参数进行校准，通过校准内部参数，三维扫描设备可相对精确地进行数据扫描及拼接。

使用Win3DD扫描设备进行三维扫描前，同样需要进行设备的标定。标定设备前的设备布置如图1-4所示。

图1-4　设备布置

1.2.1　标定前的准备

第1步：依次启动Win3DD扫描系统和专用计算机使扫描系统预热5~10min，以保证标定状态与扫描状态尽可能相近。

第2步：单击桌面快捷图标 W，启动软件。

第3步：如图1-5所示，单击【采集】选项卡下的【扫描】按钮，打开【Wrap三维扫描系统】窗口。

图1-5　【采集】选项卡下的【扫描】按钮

第4步：如图1-6所示，选择【Wrap三维扫描系统】窗口里【视图】→【标定/扫描】命令，进入图1-7所示的标定视图界面。

进入标定视图界面后，其操作界面相关功能如下：

1）相机预览区域，主要用于查看扫描仪相机捕获的画面。

2）帮助信息显示区域，用于显示标定操作的帮助信息。

3）标定操作相关命令按钮，用于执行标定操作和扫描系统的相关命令。

图 1-6　【标定/扫描】按钮　　　　　　　　图 1-7　标定视图界面

1.2.2　设置相机参数

使用 Win3DD 扫描设备进行扫描时，对相机采集的图像画面有一定的要求，即黑色的部分越黑越好，白色的部分为哑白，接近黑白照片的效果。如果发现相机预览区域的图像不符合上述要求，应选择图 1-8 所示的【Wrap 三维扫描系统】窗口下的【相机操作】→【参数设置】命令，调整相机参数，使采集的图像画面达到要求。

在图 1-9 所示的【相机参数设置】对话框中，单击并拖动【曝光值】【增益】【亮度】滑块可以调整采集画面的明亮度，单击并向右拖动【对比度】滑块可以使画面中的黑色部分和白色部分对比更加明显。想要使采集的图像画面达到黑色的部分越黑，白色的部分为哑白，接近黑白照片的效果要求，需要综合调整以上参数。

图 1-8　【参数设置】按钮

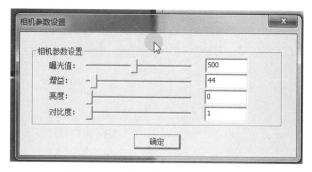

图 1-9　【相机参数设置】对话框

1.2.3　标定操作

设置好相机参数后，可单击图 1-10 所示的【开始标定】按钮进行标定。标定时，可以单击图 1-11 所示的窗口右侧的【显示帮助】按钮，查看有关标定操作的帮助信息。

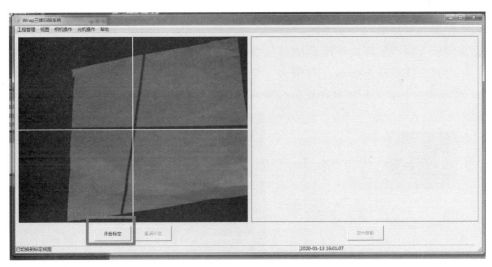

图 1-10　【开始标定】按钮

——完整的

图 1-11　【显示帮助】按钮

单击【标定步骤 1】按钮后，进入标定操作界面，如图 1-12 所示，【Wrap 三维扫描系统】窗口的左边显示的是相机采集的实际画面，右边显示该步骤的帮助信息，用户可依照帮助信息按步骤进行扫描仪的标定。单击【隐藏帮助】按钮，可将帮助信息隐藏。

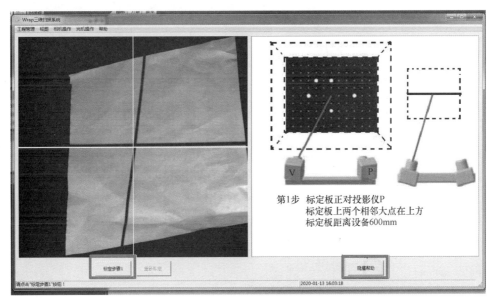

图 1-12　标定步骤 1 及其帮助信息界面

第 1 步：如图 1-13 所示，标定操作第 1 步的操作内容及注意要点如下：

1）标定板正对投影仪 P。

2）标定板上两个相邻大点在上方。

3）标定板距离设备 600mm（当相机采集画面上的十字线的横线阴影与窗体的白色标定十字线的横线重合时，即标定板与设备相距 600mm）。

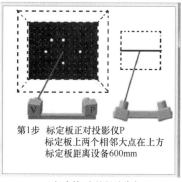

a) 标定第1步的帮助信息

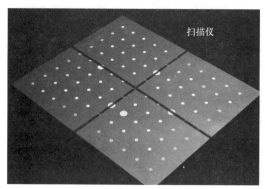

b) 标定板的摆放

图 1-13　标定第 1 步

第 2 步：如图 1-14 所示，标定操作第 2 步的操作内容及注意要点如下：

1）标定板正对投影仪 P。

2）标定板上两个相邻大点在上方。

3）标定板与设备相距 640mm（摇动设备脚架的手柄，将设备脚架升高 40mm）。

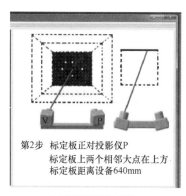

a) 标定第2步帮助信息

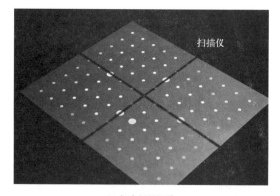

b) 标定板的摆放

图 1-14　标定第 2 步

第 3 步：如图 1-15 所示，标定操作第 3 步的操作内容及注意要点如下：

1）标定板正对投影仪 P。

2）标定板上两个相邻大点在上方。

3）标定板距离设备 560mm（在标定操作第 2 步的基础上，摇动设备脚架的手柄，将设备脚架降低 80mm）。

第 4 步：如图 1-16 所示，标定操作第四步的操作内容及注意要点如下：

1）标定板正对投影仪 P。

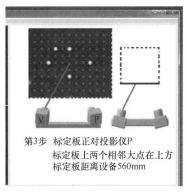

a) 标定第3步帮助信息

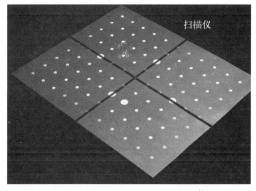

b) 标定板的摆放

图 1-15　标定第 3 步

2）标定板上两个相邻大点在左方。

3）标定板距离设备 600mm（在标定操作第 3 步的基础上，摇动设备脚架的手柄，将设备脚架升高 40mm）。

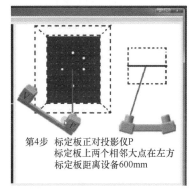

a) 标定第4步帮助信息

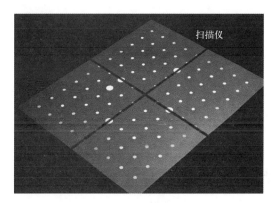

b) 标定板的摆放

图 1-16　标定第 4 步

第 5 步：如图 1-17 所示，标定操作第 5 步的操作内容及注意要点如下：

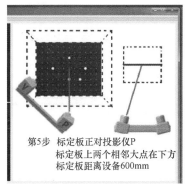

a) 标定第5步帮助信息

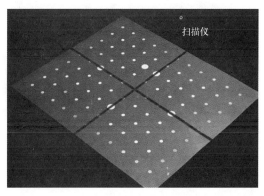

b) 标定板的摆放

图 1-17　标定第 5 步

1）标定板正对投影仪 P。

2）标定板上两个相邻大点在下方。

3）标定板距离设备 600mm。

第 6 步：如图 1-18 所示，标定操作第 6 步的操作内容及注意要点如下：

1）标定板正对投影仪 P。

2）标定板上两个相邻大点在右方。

3）标定板距离设备 600mm。

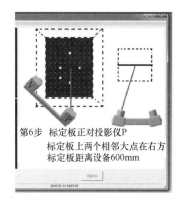

a) 标定第6步帮助信息

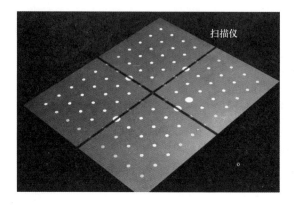

b) 标定板的摆放

图 1-18　标定第 6 步

第 7 步：如图 1-19 所示，标定操作第 7 步的操作内容及注意要点如下：

1）标定板正对相机 V。

2）标定板上两个相邻大点在上方。

3）标定板距离设备 600mm。

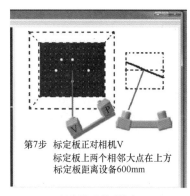

a) 标定第7步帮助信息

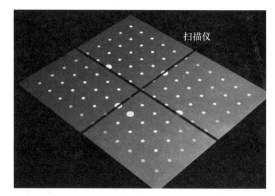

b) 标定板的摆放

图 1-19　标定第 7 步

第 8 步：如图 1-20 所示，标定操作第 8 步的操作内容及注意要点如下：

1）标定板正对相机 V。

2）标定板上两个相邻大点在左方。

3）标定板距离设备 600mm。

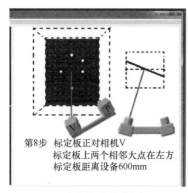

第8步　标定板正对相机V
标定板上两个相邻大点在左方
标定板距离设备600mm

a) 标定第8步帮助信息

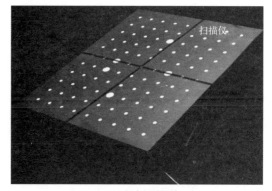

扫描仪

b) 标定板的摆放

图 1-20　标定第 8 步

第 9 步：如图 1-21 所示，标定操作第 9 步的操作内容及注意要点如下：

1）标定板正对相机 V。

2）标定板上两个相邻大点在下方。

3）标定板距离设备 600mm。

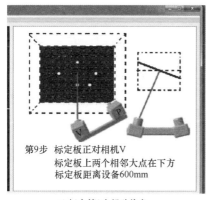

第9步　标定板正对相机V
标定板上两个相邻大点在下方
标定板距离设备600mm

a) 标定第9步帮助信息

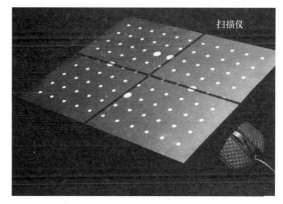

扫描仪

b) 标定板的摆放

图 1-21　标定第 9 步

第 10 步：如图 1-22 所示，标定操作第 10 步的操作内容及注意要点如下：

1）标定板正对相机 V。

2）标定板上两个相邻大点在右方。

3）标定板距离设备 600mm。

第 11 步：如图 1-23 所示，当【Wrap 三维扫描系统】窗口下方显示"计算标定参数执行完毕！"字样时，即标定成功，可以进行三维扫描。

如图 1-24 所示，如果【Wrap 三维扫描系统】窗口下方显示"标定有误，请重新标定！"字样时，即标定失败，需要重新标定。

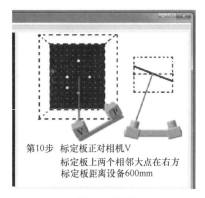

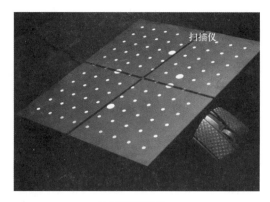

a) 标定第10步帮助信息　　　　　　　　　　　b) 标定板的摆放

图 1-22　标定第 10 步

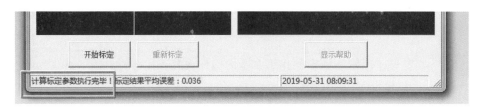

图 1-23　标定完成

图 1-24　标定错误

项目2 喷涂显像剂

 学习目标

知识目标:

1. 了解显像剂的原理
2. 了解显像剂种类
3. 了解显像剂 DPT-5 的成分
4. 了解显像剂对工件表面的影响

技能目标:

1. 能根据扫描项目的特点准备相应型号的显像剂
2. 能根据不同的工件制订合理的喷涂工艺
3. 能根据扫描环境调整喷涂距离,以减少对环境的影响
4. 能对扫描数据不准确的工件进行补喷
5. 能对喷涂过显像剂的工件进行清洁

任务 2.1 认识显像剂

在使用三维扫描仪扫描前,将显像剂喷涂在被测物体表面,使被测物体表面呈现良好的漫反射现象,能有效改善因被测物体表面的各种颜色而引起的扫描数据质量差、反射严重等缺陷,使得扫描具有黑色表面和镜面反射现象较强的透明表面的被测物体更容易,可获得高质量的点云数据。显影剂颗粒细小,喷涂均匀不会影响扫描精度。

2.1.1 显像剂的种类

如图 2-1 所示,常用的显像剂有很多种,一般可分为四种类型,即水悬浮型显像剂、溶剂悬浮型显像剂、水溶性显像剂和干粉显像剂。

1. 水悬浮型显像剂

水悬浮型显像剂是一种显影剂悬浮于水中的显像剂,通常为粉末形式,使用时依据比例配置。

a) 水悬浮型显像剂　　　　　b) 溶剂悬浮型显像剂　　　　c) 水溶性显像剂　　　　d) 干粉显像剂

图 2-1　显像剂的种类

2. 溶剂悬浮型显像剂

溶剂悬浮型显像剂是一种显影剂悬浮于专用溶剂的显像剂，通常为粉末形式，使用时依据比例，使用专用溶剂配置。

3. 水溶性显像剂

水溶性显像剂通常为喷雾罐装的形式，水溶性显像剂中的显影剂通常溶于水中并封装在压力喷雾罐中，可直接喷射使用。

4. 干粉显像剂

干粉显像剂是蓬松的白色粉末，可以用粉末喷球或喷粉枪手工施加，或者将工件埋入干粉中。在自动渗透检测系统中，干粉显像剂可通过粉爆或动态云雾法在显像槽中施加。

2.1.2　DPT-5 显像剂

如图 2-2 所示，本书中使用的显像剂为 DPT-5 显像剂，属于水溶性显像剂。在三维扫描工作中经常购买和使用的显像剂大部分为水溶性显像剂。

DPT-5 显像剂可水洗，灵敏度高，氟、氯、硫含量低，无刺激性气味，是在 DPT-3 显像剂的基础上，结合日本 MARKTEC 株式会社同类产品的先进技术而研制开发的新产品，可广泛用于石油化工、航空航天、交通运输、受压容器等领域。

图 2-2　DPT-5
显像剂

DPT-5 显像剂的具体参数如下。

1）外观：呈白色液体。

2）腐蚀性：对 TA04-T6 铝合金、AZ40M 镁合金、30CrMo 试样无腐蚀。

3）密度：$0.83\pm0.02\text{g/cm}^3$。

4）可去除性：易去除。

5）灵敏度：显示清晰。

6）润湿度：符合 HB/Z 61—1998。

7）沉淀性：1.2ml。

8）氟（F）的含量：$\leq 0.01\times10^{-6}$‰。

9）氯（Cl）的含量：≤0.02×10⁻⁶‰。

10）硫（S）的含量：≤0.05×10⁻⁶‰。

任务2.2　喷涂显像剂前的准备工作

2.2.1　喷涂显像剂所需物品

如图2-3所示，喷涂显像剂所需物品主要有：DPT-5显像剂和一次性丁腈橡胶手套。

a) 一次性丁腈橡胶手套　　　b) 水溶性显像剂

图2-3　喷涂显像剂所需物品

2.2.2　喷涂显像剂的场地要求

1）通风良好，较为空旷，周围无太多杂物。

2）空气中无太多浮尘、灰尘。

任务2.3　喷涂显像剂的操作步骤

2.3.1　操作步骤

第1步：使用与DPT-5显像剂配套的清洗剂将被测工件表面的污物、油渍等清洗干净，如图2-4所示。若工件表面存在灰尘、铁屑等，会给测量数据带来噪点，导致测量数据不准确。

第2步：将显像剂充分摇匀，在远离工件的位置，将喷嘴朝着空旷处按压喷嘴，让显像剂喷射一段时间，如图2-5所示。该步骤是为了确定瓶中显像剂充足，压力足够，无堵塞。

第3步：待气流稳定后，将显像剂的喷

图2-4　喷涂前清洁被测工件

嘴对准工件，并与工件保持 150～200mm 的距离，按下显像剂喷嘴，匀速往复移动，对工件进行喷涂。首先喷涂图 2-6 所示的部位，喷涂完成后将工件静置一段时间，使工件表面的显像剂稍晾干，避免下一步喷涂拿取工件时擦掉已喷涂的显像剂，造成显像剂喷涂不均。

图 2-5　确定显像剂是否充足

图 2-6　喷涂第 3 步

第 4 步：接着喷涂图 2-7 所示的部位，喷涂完成后将工件静置一段时间。

a)

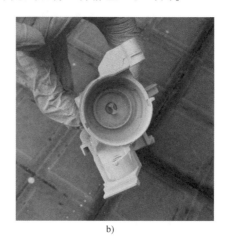

b)

图 2-7　喷涂第 4 步

第 5 步：喷涂图 2-8 所示的点火开关支架顶部未喷涂部分。喷涂完成后，将工件静置一段时间（约 5min），使喷涂在工件表面的显像剂完全干透，完成喷涂。

2.3.2　喷涂操作注意事项

1）喷涂过程中要分次进行（一次喷涂无法覆盖工件所有表面），喷涂完一部分后，需要将工件静置一段时间，使工件表面的显像剂完全干透，再进行下一步的喷涂，防止第二次喷涂手持时留下指纹。

图 2-8　喷涂第 5 步

2）喷涂过程中避免发生工件表面"喷流"的情况，如果出现这种情况，则必须重喷。

3）喷涂过程中首先喷涂工件整体，然后对细小特征和没有喷涂到的部位进行补喷。

　　4）喷涂完成后，将工件静置约 5min，使工件表面的显像剂干透，避免因显像剂未干透拿走工件而造成的缺陷。

2.3.3　喷涂中可能存在的问题及解决方法

　　显像剂的喷涂对于接下来的三维扫描非常重要，直接影响通过扫描获取数据的成功率和扫描所得数据的准确性。喷涂显像剂合格的工件如图 2-9 所示。

图 2-9　喷涂合格

　　存在以下几种问题时，需要将工件表面的显像剂清洁干净，重新喷涂。

　　1. 喷涂不均

　　如图 2-10 所示，主要由以下几个原因造成喷涂不均：一是工件表面太多细小特征，导致显像剂在死角区域无法喷涂到位；二是操作不当，导致因喷射流量不稳定而出现喷涂不均的情况。

　　2. 喷涂过厚

　　如图 2-11 所示，主要是由于操作者在喷涂时，没有匀速往复地移动喷嘴，使显像剂一直在同一位置喷涂，导致喷涂过厚或是喷涂时间过长。

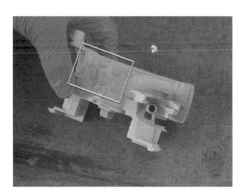

图 2-10　喷涂不均

图 2-11　喷涂过厚

项目3 粘贴标志点

 学习目标

知识目标:

1. 了解标志点的原理
2. 了解标志点的种类
3. 了解标志点对扫描结果的影响

技能目标:

1. 能根据扫描项目的特点确定合理粘贴标志点的数量
2. 能对复杂表面和特征较多的工件进行标志点的粘贴
3. 能在扫描过程中根据情况补贴标志点
4. 能对特征较多的工件合理粘贴标志点
5. 能对复杂工件粘贴标志点进行全方位反面扫描

任务3.1 认识标志点

标志点是三维扫描过程中的重要标记物,三维扫描仪可以通过识别物体或转盘表面的标志点实现特征的自动拼接。常见的标志点形状有圆形、半圆形、编码标志点。其中最常用的是圆形非编码标记点,如图3-1所示。

图3-1 圆形标志点

一般而言,标志点主要粘贴在工件表面或扫描转盘的表面。在工件表面粘贴标志点主要是为了让扫描所得点云数据可以自动拼接,如果不在工件表面粘贴标志点,则可能需要手工拼接点云数据。在适当时候给工件粘贴标志点,可以减少获取与处理点云数据的工作量。除了要会在工件上粘贴标志点,有时还会在转盘表面粘贴标志点。在转盘上粘贴标志点主要有以下几点原因:

1）工件太小，特征过细，无法粘贴标志点或粘贴标志点会遮挡特征。

2）在转盘上粘贴标志点，有利于构建框架，划定范围，避免出现获取的数据位置不确定的情况。

1. 标志点的种类

（1）编码标志点　图 3-2 所示为编码标志点。

（2）非编码标志点　图 3-3 所示为非编码标志点。

图 3-2　编码标志点

图 3-3　非编码标志点

一般而言，在三维扫描中选用的标志点为非编码标志点，常用的非编码标志点规格见表 3-1。

表 3-1　常用的非编码标志点规格

类型	内圈/mm	外圈/mm	类型	内圈/mm	外圈/mm
规格	0	2	规格	3	7
	0.8	2.5		5	10
	1	3		6	10
	1.5	3.5		8	16
	2	4		10	20
	3	5			

在三维扫描中选用的标志点规格需要比工件的最小特征小，例如工件表面有一个长度为 5mm 的凸台，那么标志点规格必须小于 5mm。

2. 标志点的作用

1）粘贴标志点的作用主要是为了减少扫描拼接误差。粘贴时要确保标定点牢固，避免将标志点粘贴在工件的棱角等特征位置。

2）便于扫描测量时逐点测量距离，方便计算各点的空间位置。

任务 3.2　标志点的使用

3.2.1　使用方法

1. 标志点的粘贴

粘贴标志点的一般步骤如图 3-4 所示。

第 1 步：根据扫描工件的大小选择相应规格的标志点。

第 2 步：从卷带上用手撕下标志点。

第 3 步：直接粘贴在工件表面对应位置。

a) 粘贴标志点   b) 粘贴完成

图 3-4　粘贴标志点

需要特别注意的是，由于点火开关支架表面特征较多，所以在扫描中，不建议在其表面粘贴标志点。

2. 标志点的去除

标志点使用完成后只需从工件表面撕下即可。

3.2.2　粘贴标志点的注意事项

1）标志点要尽量贴在工件的平面区域或曲率较小的曲面，并且距离工件边界较远一些。

2）粘贴标志点时不要沿一条直线粘贴，并且尽量要不对称粘贴。

3）公共标志点至少为 3 个。由于图像质量、扫描角度等多方面因素，有些标志点不能正确识别，所以建议用尽可能多的标志点，一般选用 5~7 个标志点为宜。

4）标志点应粘贴在使相机多角度同时看到的位置。

5）粘贴的标志点要保证扫描策略的顺利实施，并使标志点在长度、宽度和高度方向均应合理分布，如图 3-5 所示。

a) 错误粘贴方式   b) 正确粘贴方式

图 3-5　粘贴标志点示意

任务 3.3　点火开关支架粘贴标志点

3.3.1　粘贴标志点适用范围

粘贴标志点适用于扫描回转体工件和大尺寸的工件时使用。具体原因见表3-2。

表 3-2　粘贴标志点适用范围

类型	原　因	解 决 方 法
回转体工件	因为回转体工件公共特征拼接处较少,所以难以进行扫描拼接操作,需要在体工件表面贴上标志点,起到拼接作用	在需要拼接的位置粘贴标志点
大尺寸工件	因为大尺寸的工件超过扫描仪的扫描幅面,无法被全部扫描,所以需要在体工件表面粘贴上标志点,起到拼接作用	在需要拼接的位置粘贴标志点

3.3.2　点火开关支架粘贴标志点分析

由于点火开关支架表面有非常多的小特征,并且表面为曲面,粘贴标志点后,粘贴位置将存在扫描数据的空缺,所以基于扫描质量考虑,不考虑在点火开关支架表面粘贴标志点。

项目4 点火开关支架的扫描与点云处理

知识目标:

1. 了解汽车点火器的原理
2. 理解点火器特征对应的功能
3. 理解工件表面特征对扫描结果的影响
4. 掌握深孔特征的扫描方法

技能目标:

1. 能根据扫描项目的特点制订合理的扫描路径
2. 能够以标志点拼接为基础,结合点火器特征进行混合式扫描
3. 能够利用特征拼接方式进行扫描
4. 能分辨点火器的各个特征,并能保证准确达到基准特征的扫描精度
5. 能对点火器深孔特征进行分析,并制订快捷的扫描工艺

任务 4.1 扫描前的准备

4.1.1 扫描前所需物品

如图 4-1 所示,扫描前所需物品一般包括黑色油泥和扫描用转盘。

黑色油泥的作用是将工件以某一形态固定在转盘上,扫描工件时,扫描仪不会获取黑色油泥表面的点云数据,减少了数据误差,避免干扰。

扫描用转盘的主要作用是方便工件的扫描。常见扫描用转盘有手动和电动两种类型。

4.1.2 Geomagic Wrap 软件的准备操作

1. 设定 Geomagic Wrap 软件扫描单位

第 1 步:如图 4-2 所示,单击【采集】选项卡下的【扫描】按钮,进入扫描工程环境。

第 2 步:在工程步骤树与命令参数面板单击【对话框】选项卡,在【显示单位】选项区域的【单位】列表框中选择【毫米】,如图 4-3 所示。

a) 黑色油泥   b) 扫描用转盘

图 4-1 扫描前所需物品

图 4-2 单击【扫描】按钮

图 4-3 设置单位为【毫米】   图 4-4 选择【新建工程】命令

2. 设定 Geomagic Wrap 软件扫描工程的保存路径

第 1 步：如图 4-4 所示，单击【扫描】按钮后，会弹出【Wrap 三维扫描系统】窗口，选择【工程管理】→【新建工程】命令。

第 2 步：弹出【新建工程】对话框，如图 4-5 所示，单击【浏览】按钮设定工程的保存路径。需要注意的是，比赛最终仅需提交经过处理的点云电子文档及封装后的电子文档 STL 文件格式。由于工程文件没有特定的保存路径要求，所以保存在如 D 盘之类的路径即可。

图 4-5 【新建工程】对话框

任务4.2　点火开关支架扫描规划

通过对点火开关支架的观察可以发现，该工件的特征较多、较细小。若使用传统的粘贴标志点的方式进行扫描，标志点极有可能被粘贴在细节特征上，导致扫描数据不完整，产生缺损漏洞。因此，针对如点火开关支架等此类具有复杂特征的工件，我们选择使用手工拼接的方法进行扫描，并改用在转盘上粘贴标志点的方式代替在产品表面粘贴标志点。

如图4-6所示，根据点火开关支架的整体结构特征，在扫描的过程中一般分两个阶段进行逆向工程的规划。第一阶段为大面扫描，主要针对工件的外轮廓进行多方位的扫描及拼接，完成大部分外观特征的数据收集；第二阶段为细节补扫，主要针对在第一阶段大面扫描过程中缺失的特征及难以扫描的内部结构进行特殊角度的补充扫描。

图4-6　点火开关支架

由于点火开关支架的细节特征多且分散，所以需要分几个方位进行扫描与拼接。

1. 第一阶段扫描方位规划

第一阶段第一部分扫描时的工件摆放及主要扫描特征如图4-7和图4-8所示。

图4-7　第一阶段第一部分扫描时的工件摆放和主要扫描特征（反面）

图4-8　第一阶段第一部分扫描时的工件摆放和主要扫描特征（正面）

第一阶段第二部分扫描时的工件摆放及主要扫描特征如图4-9所示。

第一阶段第三部分扫描时的工件摆放和主要扫描特征如图4-10所示。

第一阶段的扫描完成后，工件主要外轮廓面基本可以通过拼接的方法将三部分点云合并在一起。完成拼接后，接下来进行第二阶段扫描方位规划，即扫描的重点是针对各个部位未扫到的特征及孔内特征进行补充扫描，扫描完成后再同样进行拼接。

2. 第二阶段扫描方位规划

第二阶段第一部分要进行大孔的孔内特征扫描，其扫描时的工件摆放如图4-11所示。

第二阶段第二部分要进行大孔的孔内特征补充扫描，主要是因为孔内特征在扫描仪投射的白光下存在阴影，无法扫描到，并且第一阶段的三个部分扫描时的工件摆放都无法扫描到

图4-9　第一阶段第二部分扫描时的
工件摆放和主要扫描特征

图4-10　第一阶段第三部分扫描时的
工件摆放和主要扫描特征

大孔的孔内特征。

　　第二阶段第三部分要进行小孔内特征补充扫描。由于大孔面表面不平，无法直接竖立在扫描用转盘上，所以需要使用黑色油泥固定点火开关支架，具体操作步骤如下。

　　第1步：取适量的黑色油泥，将其轻轻按压在扫描用转盘上，如图4-12所示。黑色油泥的用量以能固定住工件为佳，但不能遮挡扫描的特征。

　　第2步：如图4-13所示，将工件以扫描时需要摆放的位置按压在黑色油泥上。

图4-11　大孔的孔内特征扫描时的工件摆放

图4-12　黑色油泥

图4-13　扫描的特征

　　至此，完成点火开关支架的扫描规划。

任务4.3　点火开关支架扫描操作

4.3.1　第一阶段第一部分点云扫描及点云处理

1. 第一阶段第一部分点云扫描

　　第1步：如图4-14所示，将工件摆放在转盘上，调整工件使其处于合适位置，即工件应处在【Wrap 三维扫描系统】窗口的中心位置，并且可以看到需要获取点云的特征，如图 4-15 所示。

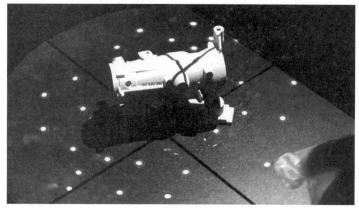

图 4-14　工件的摆放

第 2 步：扫描获取数据，如图 4-16 所示，单击【开始扫描】按钮，待光栅条纹闪烁结束，扫描完成。期间，工件与转盘应保持静止并避免周围产生振动。

图 4-15　【Wrap 三维扫描系统】窗口

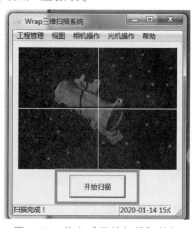

图 4-16　单击【开始扫描】按钮

第 3 步：扫描完成后，Geomagic Wrap 软件获取点云数据，如图 4-17 所示。

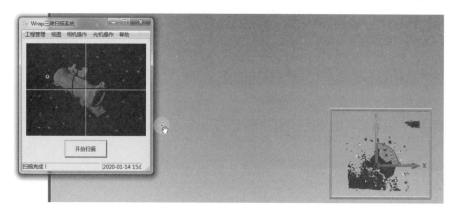

图 4-17　第一幅扫描结果

第4步：第一幅扫描完成后，转动转盘，将工件转过一定角度后，再次单击【开始扫描】按钮，扫描仪继续扫描，而扫描获取的点云数据也将依据转盘上的标志点自动拼接，如图4-18所示。

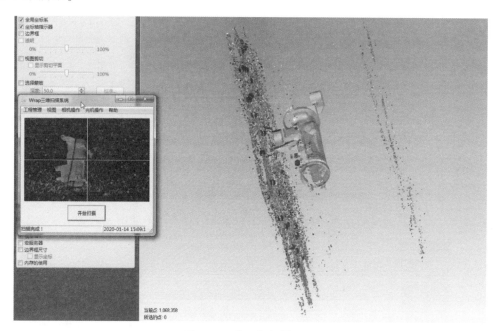

图4-18 第二幅扫描结果

2. 第一阶段第一部分点云处理

（1）删除多余点 在扫描过程中，除了能够获取工件特征的点云数据之外，还获取了许多不属于工件特征的点云数据，即噪点。因此，要通过一些命令，将这些噪点删除。

第1步：单击【点】选项卡下的【选择】按钮，选择【非连接项】命令，如图4-19所示。

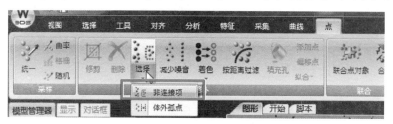

图4-19 选择【非连接项】命令

第2步：如图4-20所示，在工程步骤树与命令参数面板的【对话框】选项卡中，将参数保持默认设置，单击【确定】按钮后，所有孤立的点都将被选中，按<Delete>键即可将其删除。

图4-21a所示为使用【非连接项】命令前的效果，图4-21b所示为使用命令选择并删除点云后的效果。

第3步：对于与工件特征相连的多余点云，还需

图4-20 【选择非连接项】命令参数

a) 删除前

b) 删除后

图 4-21　使用【非连接项】命令选择并删除的效果

要使用【套索】工具按钮（图 4-22）手动选择并删除与工件特征相连的多余的点云。单击图形显示区域右侧的快捷命令栏中的【套索】按钮，在图形显示区域中，单击并移动鼠标，框选所有不需要的点后，按<Delete>键删除点云，完成效果如图 4-23 所示。

图 4-22　【套索】按钮

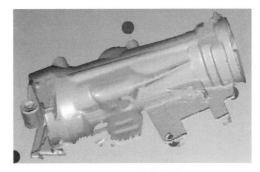

图 4-23　完成效果

第 4 步：对于剩余的零星体外孤点，可在使用【非连接项】命令删除后，再使用【体外孤点】命令进行选择删除，如图 4-24 所示，单击【点】选项卡下的【选择】按钮，选择【体外孤点】命令，如图 4-25 所示，命令参数保持默认设置，单击【确定】按钮完成体外孤点的删除操作。

图 4-24　选择【体外孤点】命令

图 4-25　【选择体外孤点】命令参数

第 5 步：如图 4-26a 所示，单击【点】选项卡下【减少噪音】按钮，对点云数据做进一步优化。如图 4-26b 所示,命令参数保持默认设置,单击【确定】按钮完成噪音删除操作。(噪音即在曲面表面的粗糙且不被期望出现的点。如果执行【减少噪音】命令,那么有可能发生因删除噪音点而使扫描后获取的工件表面不光滑的情况。)

a) 单击【减少噪音】按钮

b) 【减少噪音】命令参数

图 4-26　【减少噪音】命令按钮及参数

(2) 全局注册处理　全局注册处理是为了将多次扫描获取的点云数据进行拼接与对齐,形成一个完整的、统一的数据模型。全局注册处理的操作步骤如下。

第 1 步:单击【对齐】选项卡下【全局注册】按钮,如图 4-27 所示,进入全局注册操作界面。

第 2 步:单击工程步骤树与命令参数面板中的【对话框】选项卡,如图 4-28 所示,命令参数保持默认设置,单击【确定】按钮,完成全局注册操作。

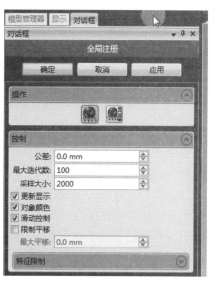

图 4-27　单击【全局注册】按钮

图 4-28　【全局注册】命令参数

经过全局注册处理后的效果如图 4-29 所示。

(3) 合并点　为了后期更好地进行点云数据的编辑和整合、更加高效地进行点云转化为面片操作，需要对获取的点云数据进行合理分组，将需要封装为一个面的点云数据分为一个组，使与需要封装为一个面的无关的点云数据分离出来，再进行合并点操作，其相关操作步骤如下。

图 4-29 执行【全局注册】命令后的处理效果

第 1 步：如图 4-30 所示，在工程步骤树与命令参数面板中单击【模型管理器】选项卡，选择需要进行创建组的点云数据，右击，在弹出的菜单中选择【创建组】命令。

第 2 步：如图 4-31 所示，对所创建的组进行重命名（如"组 1"），完成创建组操作。

图 4-30 选择【创建组】命令

图 4-31 组的创建结果

第 3 步：对所创建的组的点云数据进行封装操作，将点云数据转化为面片数据。如图 4-32 所示，单击【点】选项卡下【合并】按钮。

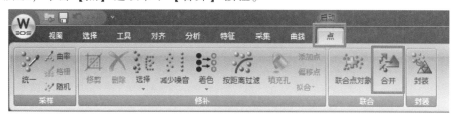

图 4-32 单击【合并】按钮

第 4 步：命令参数设置如图 4-33 所示，单击【确定】。按钮完成合并点操作，效果如图 4-34 所示。

第 5 步：在封装面的操作过程中，封装完成的面往往表面有异常凸起，即钉状物，产生原因为特征表面存在噪点，需要进行删除钉状物操作。如图 4-35 所示，单击【多边形】选项卡下【删除钉状物】按钮。

第 6 步：在工程步骤树与命令参数面板中单击【对话框】选项卡，设置命令参数如图 4-36 所示，单击【确定】按钮。

第 7 步：删除参考点。在工程步骤树与命令参数面板中单击【模型管理器】选项卡，选择参考点，如图 4-37 所示，右击，在弹出的菜单中选择【删除】命令，即可将所有参考点删除。

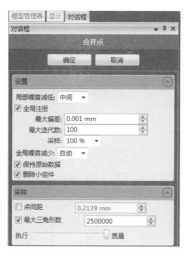

图 4-33　【合并点】命令参数

图 4-34　合并点命令完成效果

图 4-35　选择【删除钉状物】命令

图 4-36　【删除钉状物】命令参数

图 4-37　选择【删除】命令

第 8 步：为了不干扰下一步操作，需隐藏已完成处理的数据。如图 4-38 所示，选择需要隐藏的数据，右击，在弹出的菜单中选择【隐藏】命令即可。

第 9 步：完成每个部分的扫描后，可以在【模型管理器】选项卡中选择处理好的点云数据和面片文件，右击，在弹出的菜单中选择【保存】命令，如图 4-39 所示。

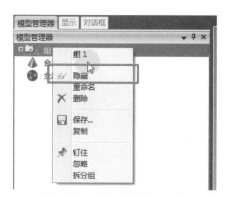

图 4-38　选择【隐藏】命令

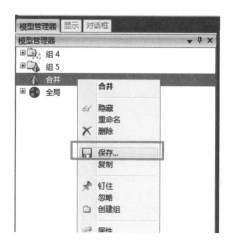

图 4-39　选择【保存】命令

4.3.2　第一阶段第二部分点云扫描与点云处理

第一阶段第二部分的点云扫描对象是将点火开关支架放平后的特征。具体的点云扫描步骤与第一阶段第一部分的扫描步骤是一致的，即每扫描点火开关支架的一幅点云后，将转盘转过一定角度后接着扫描第二幅点云，直至点火开关支架放平时所有需要扫描的特征扫描完成。

点云扫描完成后需要对点云数据进行处理。首先使用【非连接项】与【体外孤点】命令以及直接框选多余点云等方法将多余点云数据删除。再使用【减少噪音】命令优化获取的点云数据。该步骤完成后，使用【全局注册】命令进行点云对齐。然后使用【合并点】命令，将扫描获取的点云数据封装成为面片。最后将第一阶段第二部分点云扫描与点云处理所得的数据进行分组、隐藏和封装处理，完成第一阶段第二部分的点云扫描与点云处理。

在进行第一阶段第二部分点云扫描时，点火开关支架在转盘上的摆放位置如图 4-40 所示。

第一阶段第二部分点云扫描的结果，如图 4-41 所示。

图 4-40　第一阶段第二部分扫描时工件的摆放

图 4-41　第一阶段第二部分扫描结果

使用【体外孤点】与【非连接项】命令选择并删除多余杂点后的第一阶段第二部分点云数据如图 4-42 所示。

删除不属于工件特征后的第一阶段第二部分点云数据如图 4-43 所示。

封装成面片数据后的第一阶段第二部分的点云数据如图 4-44 所示。

图 4-42 删除多余杂点的效果

图 4-43 删除不属于工件特征后的效果

图 4-44 封装后的第一阶段第二部分点云数据效果

4.3.3 第一阶段第三部分点云扫描与点云处理

第一阶段第三部分的点云扫描对象是将点火开关支架放平后再翻转至另一面的特征。具体的点云扫描步骤与前面部分的扫描步骤是一致的，即每扫描点火开关支架的一幅点云后，将转盘转过一定角度后接着扫描第二幅点云，直至点火开关支架在该位置的所有需要扫描的特征扫描完成。

点云扫描完成后需要对点云数据进行处理，首先使用【非连接项】与【体外孤点】命令以及直接框选多余点云等方法将多余点云数据删除。再使用【减少噪音】命令优化获取的点云数据。该步骤完成后，使用【全局注册】命令进行点云对齐。然后使用【合并点】命令，将扫描获得的点云数据封装成面片。最后将第一阶段第三部分点云扫描与点云处理所得的数据进行分组、隐藏和封装处理，完成第一阶段第三部分的点云扫描与处理。

在进行第一阶段第三部分点云扫描时，点火开关支架在转盘上的摆放位置如图 4-45 所示。

第一阶段第三部分点云扫描的结果如图 4-46 所示。

图 4-45 第一阶段第三部分扫描时工件的摆放

图 4-46 第一阶段第三部分扫描结果

删除多余点云数据后的第一阶段第三部分点云数据如图 4-47 所示。

封装完成后的第一阶段第三部分点云数据如图 4-48 所示。

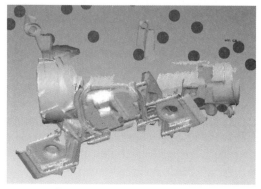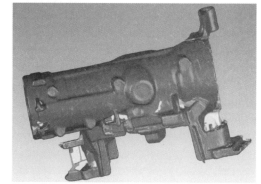

图 4-47　删除多余点云的效果　　　　图 4-48　完成封装后的第一阶段第三部分点云数据

4.3.4　细节特征点云扫描与点云处理

第二阶段第一部分和第二部分的点云扫描对象是点火开关支架在第一阶段的扫描中没有扫描到的一些特征。具体的点云扫描步骤与第一阶段的扫描步骤是一致的，此处不再赘述。

第二阶段第一部分点云扫描时，点火开关支架在转盘上的摆放位置如图 4-49 所示。

第二阶段第一部分扫描获得的点云数据如图 4-50 所示。

图 4-49　第二阶段第一部分扫描时工件的摆放　　　　图 4-50　第二阶段第一部分的扫描效果

第二阶段第一部分扫描获得的点云数据封装如图 4-51 所示。

第二阶段第二部分点云扫描时，点火开关支架在转盘上的摆放位置如图 4-52 所示。

图 4-51　完成封装的第二阶段第一部分点云数据　　　　图 4-52　第二阶段第二部分扫描时工件的摆放

第二阶段第二部分点云扫描的结果如图 4-53 所示。

删除多余点云后的第二阶段第二部分点云如图 4-54 所示。

图 4-53　第二阶段第二部分点云扫描的结果

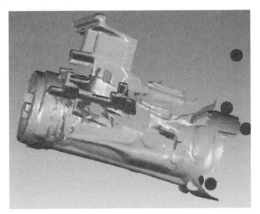

图 4-54　完成处理的第二阶段第二部分点云

最终将所有点云封装完成后的效果如图 4-55 所示。

图 4-55　最后的完成效果

4.3.5　三维数据采集阶段的文件提交

在三维数据采集阶段，需要提交的文件主要包含标定成功状态截图、扫描获得的点云数据和处理完成的数据。

1. 标定成功状态部分

将三维扫描仪"标定成功"状态截屏保存，文件采用 JPG 或 BMP 文件格式。需要注意的是文件名不得出现工位号，文件名为【11bd】。

提交位置：现场给定两个 U 盘中，将【11bd】文件保存在 U 盘根目录中，并在计算机 D 盘根目录下备份，其他位置不得保存。

2. 三维扫描相关数据部分

完成给定零件实物（以比赛赛场提供实物为准）全表面的三维扫描（仅需外表面），并对获得的点云数据剔除噪点和冗余点。提交最终点云电子文档，格式为 ASC 文件，文件名为【12dy】；封装后的电子文档，格式为 STL 文件，文件名为【13sm】。

提交位置：一份保存在 U 盘根目录，另一份在计算机 D 盘根目录备份，其他位置不得保存。

项目5 点火开关支架的坐标摆正

 学习目标

知识目标：

1. 了解坐标系的原理
2. 了解坐标系对三维建模的影响

技能目标：

1. 能根据点火器基准特征数据拟合对应的坐标轴
2. 能够利用软件将拟合的轴线对齐到工作坐标系中
3. 能利用坐标系各轴进行数据翻转

任务5.1 点火开关支架数据导入与坐标摆正分析

坐标摆正的主要目的：首先，如果没有进行坐标摆正操作，则在逆向建模时缺少参考基准，导致无法建模。其次，只有设置正确的坐标原点，才可以更好地在数控加工中设定正确的工件坐标系。

5.1.1 数据导入

第1步：如图5-1所示，打开 Geomagic Design X 软件，选择【菜单】→【插入】→【导入】命令。

第2步：从之前保存的文件夹中选择需要导入的 STL 格式文件，单击【确定】按钮。

5.1.2 坐标摆正分析

通过对数据及实物的观察可以得出，图5-2所示框中的两处特征为产品安装面，可作为基准平面使用。因此，选择该基准平面作为工件对齐坐标系的 XY 平面。

通过对数据及实物的观察，可以得知，图5-3所示框中的工件左右两侧的内孔轴线是工件回转特征重要的对称中心线，可作为工件回转轴进行大面拟合。利用该回转轴及前面所述的 XY 平面，可确定工件坐标系的其他基准平面。

图 5-1　选择【菜单】→【插入】→【导入】命令

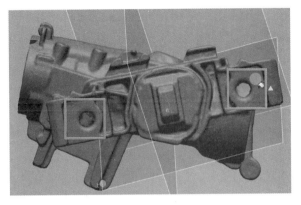

图 5-2　作为基准平面的特征

a) 大孔

b) 小孔

图 5-3　利用回转轴生成参考特征

在确定好 XY 平面之后，将 YZ 平面选定在点火开关支架的中间位置，目的是便于后期数控加工原点的设定及产品摆正的需要。在这种情况下设立的坐标原点位于零件中心，便于查找。

任务 5.2　点火开关支架坐标摆正的步骤

5.2.1　确定 XY 平面

首先抽取并建立工件坐标系的 XY 基准平面。具体操作如下。

第 1 步：单击模型视图窗口顶部的快捷工具栏中的【延伸至相似】按钮 ，如图 5-4 所示。

图 5-4　【延伸至相似】按钮

第 2 步：在模型视图窗口选择图 5-5 所示的平面，作为建立 XY 平面的参考片体。

第 3 步：如图 5-6 所示，单击【模型】选项卡下的【平面】按钮，在图 5-7 所示的命令参数界面中，需要将【方法】设置为【提取】，再单击【追加平面】对话框右侧的【确认】按钮 。

第 4 步：获得【平面 1】，即工件的 XY 基准平面，如图 5-8 所示。

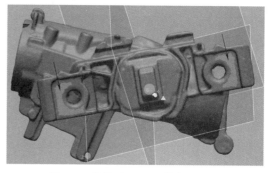

图 5-5　选取建立平面的参考片体

图 5-6　单击【平面】按钮

5.2.2　确定上部回转主体回转轴

第 1 步：单击模型视图窗口顶部的快捷工具栏中的【延伸至相似】按钮 。
第 2 步：在模型视图窗口选择工件左右两端内孔侧壁，如图 5-9 所示。
第 3 步：如图 5-10 所示，单击【模型】选项卡下的【线】按钮。

图 5-7　选择【提取】命令

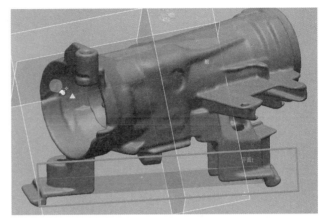

图 5-8　获得 XY 基准平面

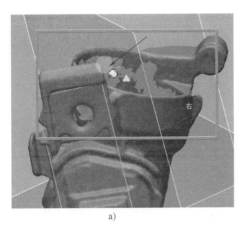

a)

b)

图 5-9　选择内孔侧壁

图 5-10　单击【线】按钮

第 4 步：如图 5-11 所示，在弹出的【添加线】对话框中，将【方法】设置为【回转轴】。

第 5 步：抽取回转轴完成后，效果如图 5-12 所示。

5.2.3　确定其余平面

第 1 步：如图 5-13 所示，在前面操作的基础上，单击【草图】选项卡下的【草图】按钮，选择以前面所做【平面 1】作为基准平面。

图 5-11　添加回转轴

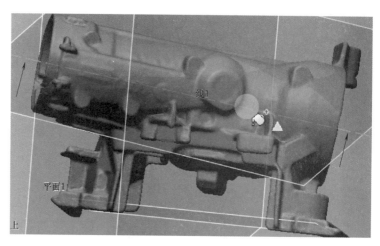

图 5-12　添加完成的效果

第 2 步：如图 5-14 所示，在【平面 1】上绘制一条与回转轴重合的【直线 1】，以产品的左右两端的轮廓线为基准，绘制两条与轮廓线重合的截止线，【截止线 1】【截止线 2】，以两条截止线为参考，寻找【直线 1】的中点，在【直线 1】的中点上绘制垂线【直线 2】。绘制完成后，需要将【截止线 1】【截止线 2】转换为参考直线。

图 5-13　单击【草图】按钮

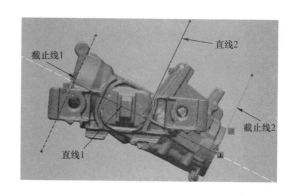

图 5-14　绘制参考线

第 3 步：绘制 YZ 平面、XZ 平面。如图 5-15 所示，单击【模型】选项卡下的【拉伸】按钮。在模型视图窗口选择【草图 1】进行拉伸，拉伸结果如图 5-16 所示。

5.2.4　对齐坐标

第 1 步：如图 5-17 所示，单击【对齐】选项卡下的【手动对齐】按钮。

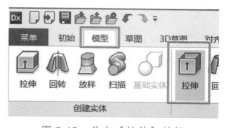

图 5-15　单击【拉伸】按钮

第 2 步：如图 5-18 所示，设置【手动对齐】对话框中的【移动实体】为【2019 扫描】（即坐标对正时导入的文件名称），然后单击【下一步】按钮➡执行下一步操作。

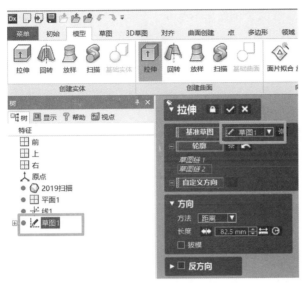

a) 选择草图

b) 拉伸结果

图 5-16　拉伸平面

图 5-17　单击【手动对齐】按钮

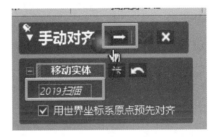

图 5-18　执行下一步操作

第 3 步：选取原点。如图 5-19 所示，单击【手动对齐】对话框中【移动】选项组中的【位置】按钮，在模型视图窗口选择【直线 1】与【直线 2】的交点（圆圈处）。

第 4 步：选择 YZ 平面。单击【手动对齐】对话框中【移动】选项组中的【X 轴】按钮，选择图 5-20 所示的高亮面。

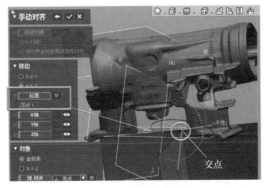

图 5-19　选取原点

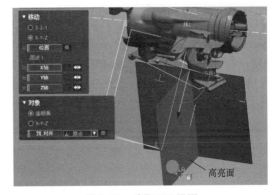

图 5-20　选取 YZ 平面

第 5 步：选择 XY 平面。单击【手动对齐】对话框中【移动】选项组中的【Z 轴】按钮，选择图 5-21 所示的高亮面【平面 1】。如果显示的 Z 轴指向不是向上，为后续编程加工方向考虑，需要单击【手动对齐】对话框中【Z 轴】按钮右侧的按钮 ↔ ，将 Z 轴指向进行翻转。

第 6 步：如图 5-22 所示，单击【手动对齐】对话框中的【确认】按钮 ✓ ，完成点火开关支架的坐标对正操作。

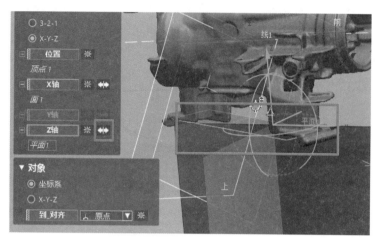

图 5-21　选择 XY 平面

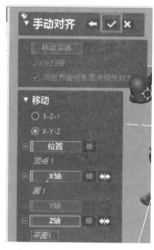

图 5-22　手动对齐确认

对正后效果如图 5-23～图 5-25 所示。

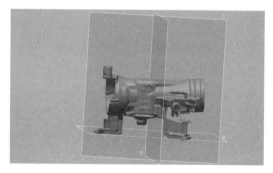

图 5-23　对正后的效果（一）

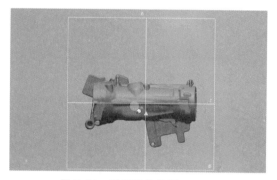

图 5-24　对正后的效果（二）

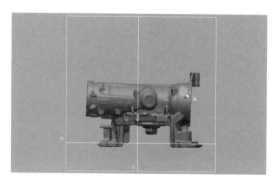

图 5-25　对正后的效果（三）

项目6　点火开关支架的逆向建模

学习目标

知识目标：

1. 了解汽车点火器的特征构成

2. 理解 Geomagic Design X 软件特征建模的原理

3. 理解点、线、面、体原理

技能目标：

1. 能够根据扫描的数据，利用 Geomagic Design X 软件进行轮廓体的逆向建模

2. 能利用 Geomagic Design X 软件的曲面工具，将各特征以较高的贴合精度有效地衔接起来

3. 能够根据生产工艺要求，将各基准特征合理地重合在一起

4. 能在完成逆向建模的基础上对前面的步骤进行参数化修改

5. 能够保证三维扫描数据与逆向参数化数据具有较高的贴合精度

任务 6.1　认识 Geomagic Design X 软件

Geomagic Design X 是一款知名的 3D 逆向工程软件。该软件可实时通过点云数据运算出无缝连接的多边形曲面，拥有强大的点云处理能力和正向建模能力，并可以与其他三维软件有效衔接，非常适合工业零部件的逆向建模工作。

1. 软件基本界面

该软件基本界面如图 6-1 所示。

2. 鼠标和键盘基本操作

1）单击：表示选择。

2）右击：表示旋转。

3）滚动鼠标滚轮：表示缩放。

4）按<Ctrl>键的同时右击：表示移动。

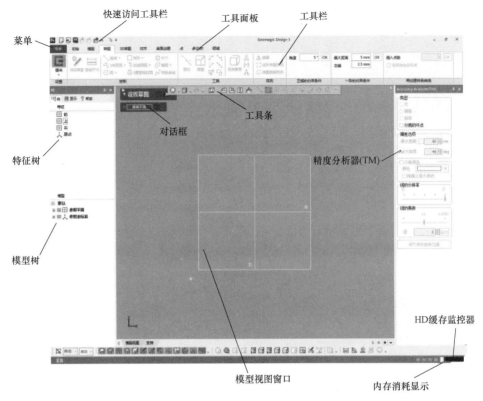

图 6-1 Geomagic Design X 2016 软件基本界面

任务 6.2 点火开关支架的建模思路

6.2.1 点火开关支架主体的建模思路

对点火开关支架进行观察，可将整个点火开关支架分为以下几个部分。

首先，可将点火开关支架分为上半部分以及下半部分，如图 6-2 和图 6-3 所示。

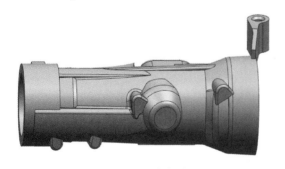

图 6-2 上半部分

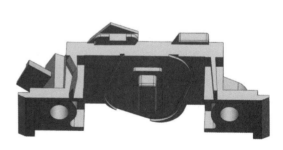

图 6-3 下半部分

其次，点火开关支架的上部分可以分为总体回转特征、局部回转特征、零散的小特征和小的凸台特征等。点火开关支架的下部分可以分为肋特征、凸台特征、槽特征、孔特征、悬臂特征等，具体内容如图 6-4~图 6-7 所示。

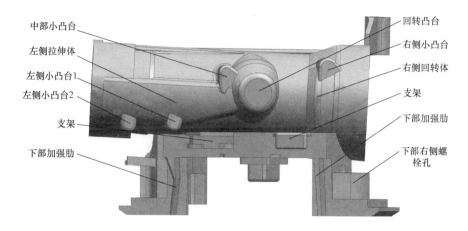

图 6-4 正面特征

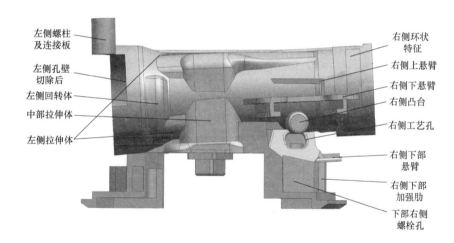

图 6-5 反面特征

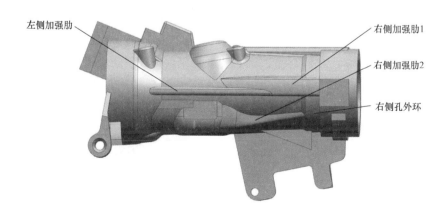

图 6-6 顶面特征

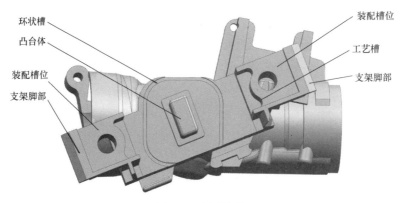

图 6-7 底面特征

6.2.2 点火开关支架局部特征的建模思路

对于点火开关支架的局部特征，主要是指不同特征的倒角、圆角及孔特征。对于此类局部特征的建模，主要使用【拉伸】命令、【面片拟合】命令、【倒角】命令、【倒圆角】命令，以及各种剪切实体和曲面的工具。使用这些命令进行建模时，需要注意灵活搭配，例如局部特征中有一处肋特征，使用【放样】命令无法达到预期效果时，可以选择【面片拟合】命令，再结合其他建模软件进行建模。最后需要特别注意的是，建模时需要细心，由于点火开关支架特征多且结构精细，所以建模时要特别注意，避免有特征遗漏及不必要的失误。

建模时需遵循"从大到小、由粗到细"的原则，细小特征应尽可能放在结构部分特征的最后进行处理。

任务 6.3 点火开关支架的建模步骤

6.3.1 点火开关支架上半部分的建模步骤

点火开关支架上半部分建模主要完成的内容，如图 6-8 和图 6-9 所示。

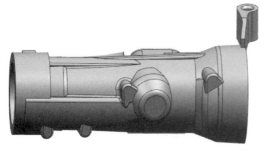

图 6-8 上半部分正面

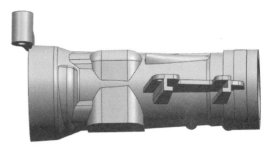

图 6-9 上半部分反面

1. 绘制上半部分回转主体特征

点火开关支架上半部分回转主体特征完成效果如图 6-10 所示。

（1）抽取回转主体的回转轴

第1步：如图6-11所示，选择【菜单】→【文件】→【打开】命令，导入经过坐标摆正的数据文件。

图6-10　回转主体完成效果

图6-11　选择【菜单】→【文件】→【打开】命令

第2步：单击图6-12所示工具条中的按钮，标记图6-13和图6-14中所示的区域。标记时，可以通过按<Shift>键的同时单击以增加选区，按<Ctrl>键的同时单击以减少选区。

图6-12　单击【延伸至相似】按钮

图6-13　标记区域1

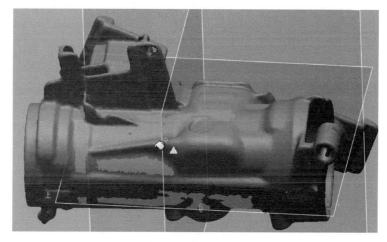

图6-14　标记区域2

第3步：完成选择后，如图6-15所示，单击【领域】选项卡下的【插入】按钮，插入领域组。

图6-15　单击【插入】按钮

插入领域组后的效果如图 6-16 所示。

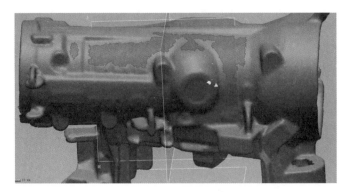

图 6-16   插入领域组后的效果

第 4 步：重复上述操作，添加同样属于回转主体的其他部分的面为领域组。该步骤添加的面为图 6-17 所示框中箭头所指高亮部分。需要注意的是，在添加时应仔细观察，取消选中不属于回转主体的特征。

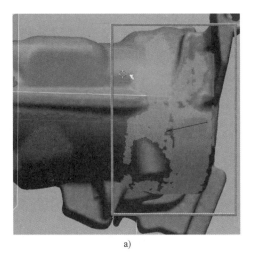

a)

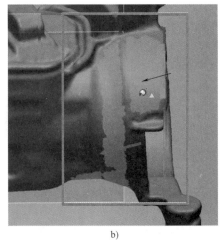

b)

图 6-17   需要添加为领域组的区域

第 5 步：选择完成后，单击【领域】选项卡下的【插入】按钮，插入领域组，如图 6-18 所示。

第 6 步：将图 6-18 中所示的两个领域组合并。单击图 6-19 所示工具条中的【画笔选择模式】按钮，选择图 6-20 所示的两个领域组。

第 7 步：如图 6-21 所示，单击【领域】选项卡下的【合并】按钮。

合并的结果如图 6-22 所示。

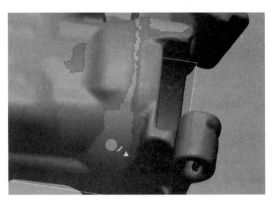

图 6-18   大孔部分的领域组

图 6-19　单击【画笔选择模式】按钮

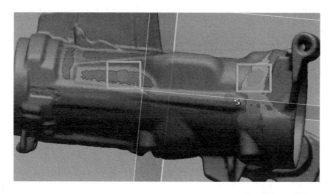

图 6-20　需要合并的领域组

图 6-21　单击【合并】按钮

第 8 步：合并完成后，如图 6-23 所示单击【模型】选项卡下的【回转精灵】按钮，使用【回转精灵】命令通过软件自动生成回转主体。

第 9 步：单击【回转精灵】对话框中的【对象】按钮。随后，选择刚才创建的领域组，图形界面如图 6-24 所示。

第 10 步：如图 6-25 所示，单击【回转精灵】对话框中的【下一步】按钮➡️，预览【回转精灵】命令的生成效果，如图 6-26 所示。

图 6-22　完成合并的领域组

图 6-23　单击【回转精灵】按钮

a) 单击【对象】按钮

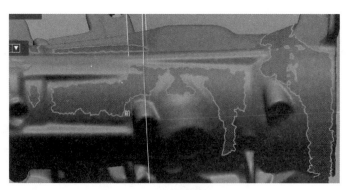

b) 选择领域组

图 6-24　使用【回转精灵】命令创建特征

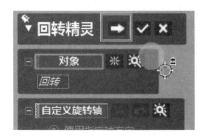

图 6-25　【回转精灵】对话框
中的【下一步】按钮

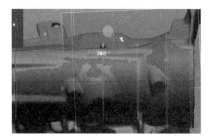

图 6-26　【回转精灵】命令的生成效果

第 11 步：确认结果无误后，可单击【回转精灵】对话框中的【确认】按钮✓，命令完成，如图 6-27 所示。

该命令生成的回转体如图 6-28 所示。

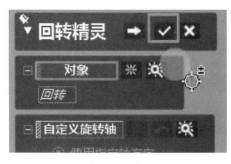

图 6-27　确认【回转精灵】命令

图 6-28　生成的回转体

第 12 步：删除原有回转生成的回转体，该操作的主要目的是为保留回转所生成的回转轴，以作为后续建模的参照使用。【回转精灵】命令所生成的实体精度较低，不适合建模后续使用。如图 6-29 所示，在左侧模型树中，右击【回转 1】特征，弹出菜单。

第 13 步：如图 6-30 所示，在弹出的菜单中选择【删除】命令，弹出图 6-31 所示对话框，单击【是】按钮，即可删除【回转精灵】命令生成的回转体。

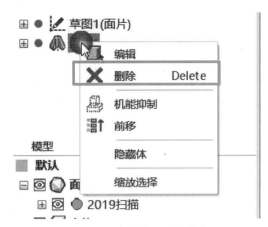

图 6-29　右击【回转 1】

图 6-30　选择【删除】命令

（2）使用回转命令创建回转主体

第 1 步：进入草图环境。单击图 6-32 所示【草图】选项卡下的【面片草图】按钮，在模型视图窗口单击图 6-33 所示的【平面 1】作为草图平面。其中，图 6-33 所示的【平面 1】为通过【回转精灵】命令自动生成的平面。

图 6-31　单击【是】按钮

图 6-32　单击【面片草图】按钮

如图 6-34 所示，单击【平面 1】后将会自动出现【面片草图的设置】对话框，保持【追加断面多段线】选项组中的参数不变。断面多段线是扫描所得数据与面片草图所使用的基准平面相交形成的断面上的线，需要注意的是，在【面片草图的设置】对话框中可以更改【追加断面多段线】选项组中的位置等参数，这样的设置可以更好地绘制草图。

第 2 步：绘制上部回转主体特征的截面草图。使用面片草图环境中【断面多段线】命令自动生成的断面多段线作为参考，同时依据回转主体的外轮廓形状，绘制回转体的截面草图，如图

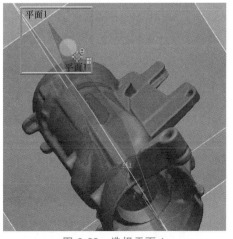

图 6-33　选择平面 1

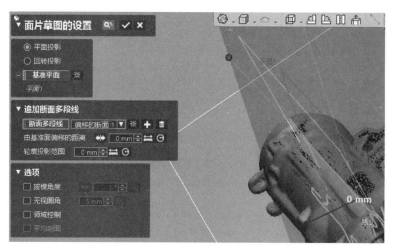

图 6-34 【面片草图的设置】对话框

6-35 所示。从一侧至另一侧，根据追加的断面多段线综合使用【草图】选项卡下【绘制】选项组中的【直线】【圆弧】【样条曲线】等命令绘制回转体截面草图，要求草图轮廓在光顺的情况下尽可能与断面多段线贴合，以减小误差。

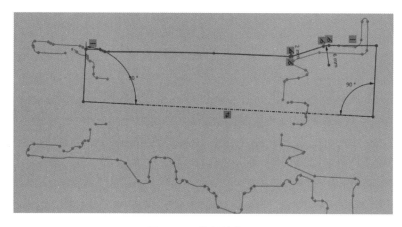

图 6-35 绘制的草图

在绘制草图的过程中，为了不受可见面片干扰，可以通过图 6-36 所示的【面片】按钮 关闭面片可见功能。

图 6-36 单击【面片】按钮

第 3 步：使用【回转】命令生成上部回转主体。如图 6-37 所示，单击【模型】选项卡下【创建实体】选项组中的【回转】按钮，进行回转实体的创建。

第 4 步：选择刚才绘制好的回转体截面草图【草图 2】，确认建模环境中的预览模型无

误后，单击【回转】对话框中的
【确认】按钮✔️，如图 6-38 所示。

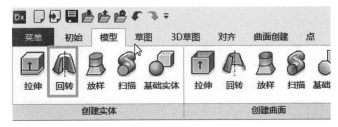

图 6-37　选择【回转】命令

通过回转命令生成效果如
图 6-39 所示。

（3）回转主体与扫描数据比对

第 1 步：单击工具条中的【体
偏差】按钮▢，软件将自动分析
建立的模型与扫描数据的比对情
况，如图 6-40 所示，其尺寸误差将通过模型上显示的云图及右侧的色谱图来体现。通过观
察模型的云图，可以判断建立模型的误差大小。

图 6-38　确认回转体生成

图 6-39　回转生成的效果

图 6-40　单击【体偏差】按钮

赛题中要求：将创建的模型与扫描三维模型各面数据进行比对，平均误差小于
0.08mm。面的建模质量好、合理拆分特征、拟合度高的得分。平均误差大于 0.20mm
不得分，中间状态酌情给分。

第 2 步：检测结果如图 6-41 所示。若发现误差较大，不符合需求，可根据分析结果适

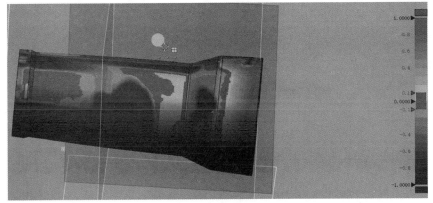

图 6-41　检测结果

当调整回转体截面草图轮廓线，直至达到满意效果为止。（右侧的色谱图可根据实际需求，通过双击右侧的色谱图，更改检查的偏差数值。）

2. 绘制回转主体左侧的圆柱主体（图6-42）

（1）绘制特征草图

第1步：单击【草图】选项卡下的

图 6-42　绘制的效果

【面片草图】按钮，选择图6-43所示圆圈所在平面作为草图平面。

图 6-43　选取的草图平面

第2步：由于扫描数据封装的面片的质量不一定能达到要求，所以可通过拖动图6-44所示蓝色箭头，向箭头方向移动一定距离的方式，在面片上寻找扫描质量较好的部位，作为追加断面多段线基准平面的位置。

第3步：依据追加的断面线，绘制一个与上一步追加的断面多段线尽可能贴合的草图作为特征草图，如图6-45所示。

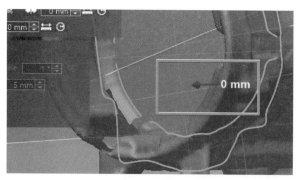

图 6-44　拖动的箭头

图 6-45　绘制的草图

第4步：绘制完成后，单击【退出】按钮完成草图，如图6-46所示。

（2）使用拉伸命令绘制回转主体左侧的圆柱主体

第1步：如图6-47所示，单击【模型】选项卡下的【拉伸】按钮。

图 6-46　单击【退出】按钮完成草图　　　　　图 6-47　单击【拉伸】按钮

第2步：确定【拉伸】命令自动选择的草图为刚才绘制的草图，如图6-48a所示，设定一个合适的拉伸长度，使特征与扫描数据的偏差尽可能小。

第3步：确定参数无误后单击【拉伸】对话框中的【确认】按钮☑完成该特征的创建，完成的效果如图6-48b所示。

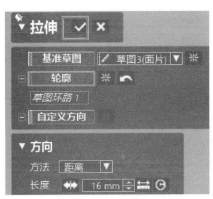
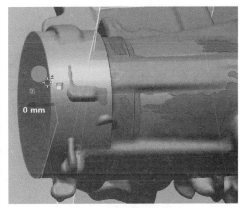

a)【拉伸】对话框参数设置　　　　　　　　b) 完成效果

图 6-48　拉伸的效果

3. 绘制左侧环状特征（图6-49）

第1步：如图6-50所示，单击【模型】选项卡下的【平面】按钮。在【追加平面】对话框中将【方法】改为【偏移】，选择图6-51b所示圆圈所在平面作为参照平面。

图 6-49　左侧环状特征

第2步：通过拖动图6-52a所示的蓝色箭头，将追加的平面拖动至与特征顶部处于同一平面的位置。确认追加的平面位置正确后，单击图6-52b所示【追加平面】对话框中的【确认】按钮☑。

第3步：选择上一步创建的平面作为草图基准面。如图6-53所示，在【面片草图的设置】对话框中的【追加断面多段线】选项组中将【由基准面偏移的距离】设置为3.5mm，这样可以使绘制草图所参考的断面多段线精度更高。

第4步：依据追加的断面线，绘制一个与主体特征的断面线尽可能贴合的草图作为特征草图，绘制的草图如图6-54所示。

图 6-50　单击【平面】按钮

a)

b)

图 6-51　选择参照平面

a)

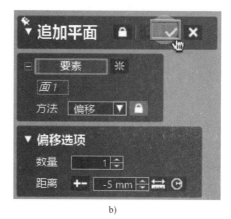

b)

图 6-52　设置追加平面的参数

图 6-53　【追加断面多段线】选项组中的参数

图 6-54　绘制的草图

第 5 步：绘制完成后，单击顶部【草图】选项卡下的【退出】按钮退出并完成草图。

第 6 步：退出草图环境后，单击【模型】选项卡下的【拉伸】按钮，软件将自动识别上一步绘制的草图作为拉伸的轮廓。

第 7 步：设置【拉伸】对话框中的拉伸方向为反向，设置拉伸的距离为 6mm，使拉伸的特征尽可能与扫描所得数据相符。

第 8 步：确认结果预览与图 6-55 所示的结果类似，即可单击【确认】按钮✔确认生成该特征。

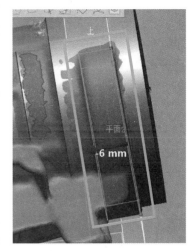

图 6-55　特征生成效果

4. 绘制正面的左侧拉伸体（图 6-56）

（1）绘制特征主体

第 1 步：单击工具条中的【画笔选择模式】按钮，将图 6-57 所示部分选中。单击【领域】选项卡下的【插入】按钮，将图中橙色部分插入为领域组。

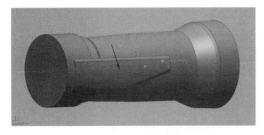

图 6-56　左侧拉伸体

图 6-57　添加的领域组

第 2 步：如图 6-58 所示，单击【模型】选项卡下的【面片拟合】按钮，再选择刚才插入为领域组的曲面，拟合出该特征的部分曲面，生成的面片如图 6-59 所示。

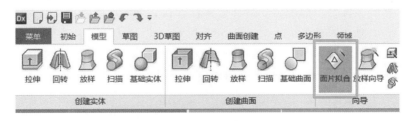

图 6-58　单击【面片拟合】按钮

图 6-59　生成的面片

第3步：选择图 6-60 所示基准平面，单击【草图】选项卡下的【草图】按钮，如图 6-61 所示，软件即可自动将其作为草图基准平面。

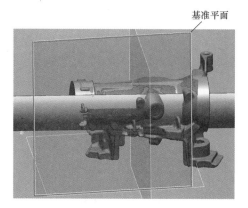

基准平面

图 6-60　选择草图平面

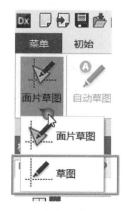

图 6-61　单击【草图】按钮

第4步：如图 6-62 所示，绘制与特征轮廓吻合的草图，用于切割出一个与所绘制特征轮廓相符的一块曲面。

图 6-62　绘制的草图

第5步：单击【模型】选项卡下的【拉伸】按钮，创建该部分特征的侧面曲面。

第6步：该拉伸特征的参数设置如图 6-63 所示，设置【方向】为【到曲面】，并选择前面步骤中拟合出的曲面作为终点，确认命令参数正确后，单击【拉伸】对话框中的【确认】按钮即可生成该特征，生成的特征效果如图 6-64 所示。

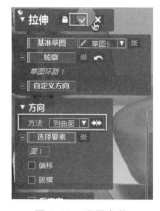

图 6-63　设置参数

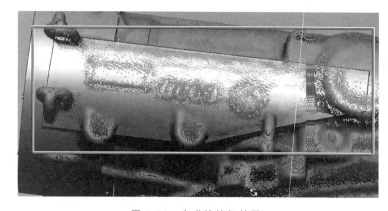

图 6-64　生成的特征效果

（2）对黄色线框中的特征进行倒圆角处理（图6-65）

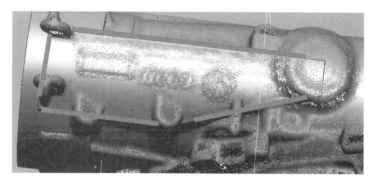

图 6-65　圆角处理的边

第1步：如图6-66所示，单击【模型】选项卡下的【圆角】按钮，选择需要进行倒圆角的两条边中的一条。

图 6-66　单击【圆角】按钮

第 2 步：如图 6-67 所示，单击
【由面片估算】按钮进行圆角半径
自动计算，计算完成后，根据计算结果
选择一个最相近的整数填入【半径】
文本框（圆角半径一般为整数）。一共
有 4 条边需要进行倒圆角操作，4 条边
均需要进行上述操作。

第3步：完成该操作后，单击工具
条中的【体偏差】按钮进行误差分析，
分析倒圆角命令建模效果，分析结果如
图 6-68 所示。

图 6-67　设置圆角参数

赛题中的评分标准：选手创建的模型与扫描三维模型各面数据进行比对，平均误差要小于 0.08mm，平均误差大于 0.20mm 不得分，中间状态酌情给分。

5. 建模主体中部的回转台特征（图 6-69）

第1步：将图 6-70 所示圆框部分曲面进行插入领域组操作。

第2步：单击【模型】选项卡下的【回转精灵】按钮，弹出图 6-71 所示对话框，选择刚才添加的领域组作为对象曲面。

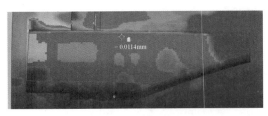

图 6-68　分析结果

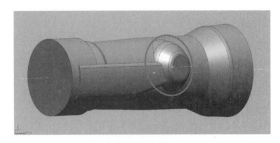

图 6-69　回转台特征

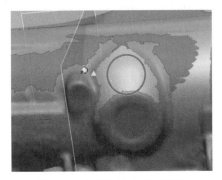

图 6-70　添加回转台的领域组

图 6-71　添加领域组

第 3 步：如图 6-72 所示，在【回转精灵】对话框中单击【下一步】按钮 ➡ 预览结果，确认无误后单击【确认】按钮 ✔ 生成特征。

第 4 步：如图 6-73 所示，修改【回转精灵】命令生成的草图，使该处特征与扫描数据更加吻合。

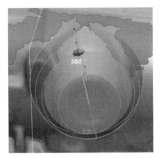

图 6-72　确认特征的生成

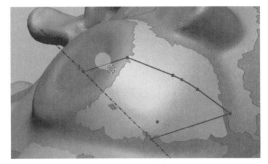

图 6-73　修改完成的草图

第 5 步：如图 6-74 所示，对该处回转台特征顶边进行倒圆角操作，步骤与前面倒圆角的操作步骤一致。

6. 绘制正面的右侧小凸台与中部小凸台（图 6-75）

第 1 步：绘制中部小凸台特征，插入基准平面。单击【模型】选项卡下的【平面】按钮，使用【智能选择】命令选择图 6-76 所示圆框中的面，生成用于草图的基准平面。

第 2 步：插入草图。使用【面片草图】命令插入草图，如图 6-77 所示，需要注意的是，在【追加断面多段线】选项组中，设置【由基准面偏移的距离】至合适位置（图中约为 1.85mm），偏移方向为靠近模型的方向。其原因是草图的参考平面位于特征上表面，无法直接获得精度较高、光顺的用于参考的断面多段线。

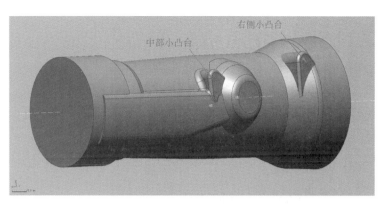

图 6-74 回转台倒圆角

图 6-75 右侧小凸台与中部小凸台

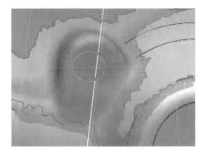

图 6-76 插入基准面

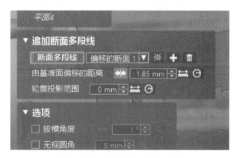

图 6-77 追加断面多段线

绘制出图 6-78 所示的草图，所绘制的草图应与用于参考的断面多段线吻合。

第 3 步：如图 6-79 所示，使用【模型】选项卡下的【拉伸】命令，软件将自动识别刚才绘制的草图作为拉伸的轮廓。

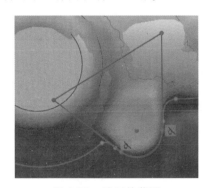

图 6-78 绘制的草图

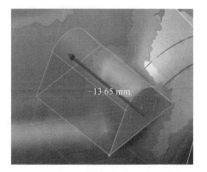

图 6-79 拉伸特征的效果

第 4 步：设置拉伸方向为朝向模型方向，确认无误后，单击【拉伸】对话框上的【确认】按钮生成该特征，效果如图 6-80 所示。

第 5 步：使用【倒圆角】命令，对图 6-81a 所示的位置进行倒圆角操作，圆角半径如图 6-81b 所示。圆角半径可通过检测中部小凸台特征扫描所得的点云数据的圆角数值获得，完成后的效果如图 6-81c 所示。

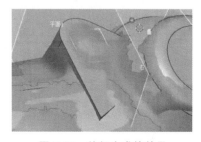

图 6-80 特征生成的效果

第 6 步：使用【圆角】命令依次对图 6-82 和图 6-83 所示位置进行倒圆角操作，圆角半径如图所示。圆角半径可通过检测该处特征扫描所得的点云数据的圆角数值获得。

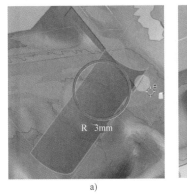 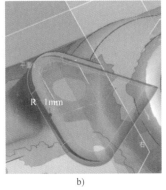 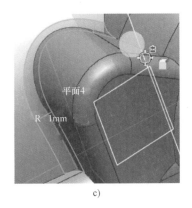

a)   b)   c)

图 6-81   特征倒圆角

图 6-82   凸台周边倒圆角 1

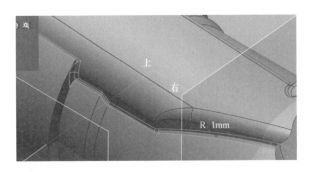

图 6-83   凸台周边倒圆角 2

第 7 步：采用与上一步中部小凸台特征相同的步骤对右侧小凸台特征建模，如图 6-84 所示。

利用图 6-85 所示圆框所在的面片追加基准面。

第 8 步：使用【面片草图】命令创建所需的草图。其中，设置【面片草图的设置】对话框中的参数时，应在图 6-86 所示建模环境中朝向模型方向移动蓝色箭头，追加该特征中部的断面线。将【由基准面偏移的距离】修改为合适值（为 1.5mm），偏移方向为靠近模型的方向。其原因是草图的参考平面位于特征上表面，无法直接获得精度较高、光顺的用于参考的断面多段线。

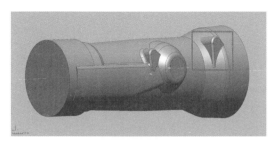

图 6-84 右侧小凸台特征

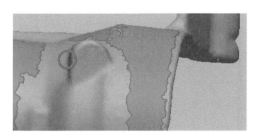

图 6-85 追加基准面的参考特征

绘制出图 6-87 所示的草图，所绘制的草图应尽可能与用于参考的断面多段线吻合。

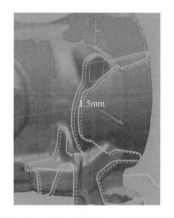

图 6-86 追加该特征中部的断面线

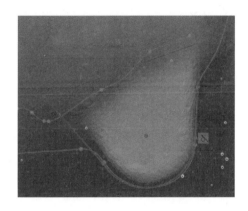

图 6-87 所绘制的草图

第 9 步：使用【模型】选项卡下【拉伸】命令，软件将自动识别刚才绘制的草图作为拉伸的轮廓。拉伸方向朝向模型方向，确认无误后，单击【拉伸】对话框上的【确认】按钮☑生成该特征，如图 6-88 所示。

第 10 步：使用【圆角】命令，对图 6-89a 所示的位置进行倒圆角操作，圆角半径为 1mm，圆角半径可通过检测该处特征扫描所得的点云数据的圆角数值获得，圆角完成的效果如图 6-89b 所示。

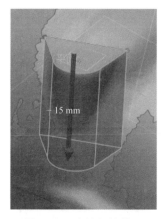

图 6-88 该特征的效果

a) 倒圆角位置

b) 完成后的特征

图 6-89 凸台倒圆角

7. 绘制两侧内孔特征（图 6-90）

如图 6-91 所示，以【平面 1】为基准平面，使用【面片草图】命令绘制图 6-92 所示的草图。完成草图后，单击【模型】选项卡下的【回转】按钮，在图 6-93 所示的【回转】对话框中的【结果运算】选项组勾选【切割】复选框。

图 6-90　两侧内孔特征　　　　　　　　　　图 6-91　选择【平面 1】

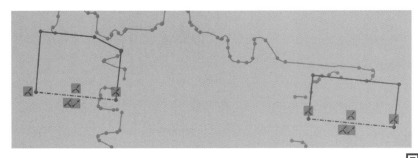

图 6-92　绘制的草图

8. 绘制反面左侧螺钉柱及连接板（图 6-94）

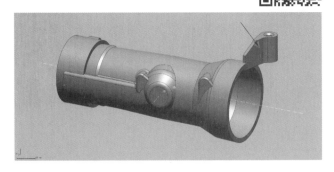

图 6-93　回转特征参数　　　　　　　　图 6-94　反面左侧螺钉柱及连接板

第 1 步：追加基准平面用来绘制草图，使用【画笔选择模式】命令选择图 6-95 所示线圈线内的面片，生成基准平面。

第2步：绘制图6-96所示的草图，所绘制的草图应与用于参考的断面多段线吻合。

第3步：使用【模型】选项卡下的【拉伸】命令，软件将自动识别刚才绘制的草图作为拉伸的轮廓。设置拉伸方向为远离模型方向，拉伸距离为一个合适值（为14mm），与扫描所得数据的特征相符。【拉伸】对话框中的命令参数及结果预览如图6-97所示，确认无误后，单击【拉伸】对话框中的【确认】按钮✓生成该特征。

图 6-95 用于追加基准平面的特征

a)

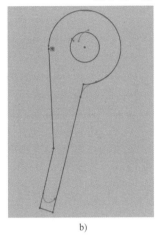

b)

图 6-96 绘制的特征草图

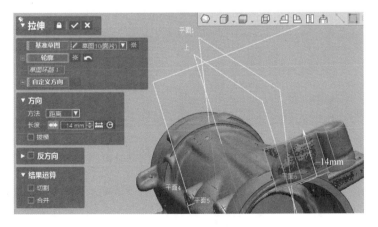

图 6-97 特征拉伸效果

第4步：使用【模型】选项卡下的【倒角】命令，对特征中需要倒角的棱边进行倒角操作，完成后的特征如图6-98所示，特征应与扫描所得数据尽可能吻合。

9. 绘制顶部肋特征（图6-99）

第1步：将图6-100所示紫色的面片插入为领域组，接着使用【面片拟合】命令，拟合出图6-101所示黄色的面片。

图 6-98　特征完成后的效果

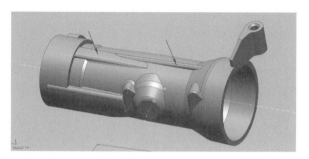

图 6-99　顶部肋特征

图 6-100　添加的领域组

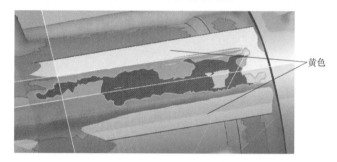

图 6-101　拟合出的面片

第 2 步：在模型树中选择【上】基准平面，如图 6-102 所示，绘制出图 6-103 所示草图，该草图为该特征的截面轮廓草图。

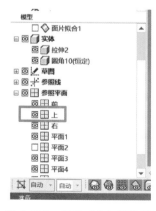

图 6-102　选择【上】基准平面

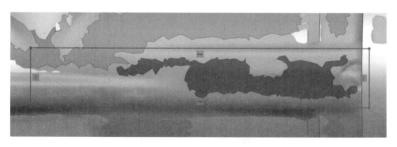

图 6-103　绘制的草图

第3步：如图6-104所示，使用【拉伸】命令，创建出另一个曲面。单击【剪切曲面】按钮，如图6-105所示，将箭头所指的两个曲面作为裁剪边界，对曲面进行剪切，结果如图6-106所示。

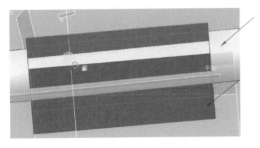

图 6-104 拉伸出的剪切曲面

图 6-105 单击【剪切曲面】按钮

第4步：如图6-107所示，单击【模型】选项卡下的【赋厚曲面】按钮，将图6-106中的片体转化为实体，生成的肋特征如图6-108所示。

第5步：绘制图6-109所示的肋特征，方法同前。

绘制效果如图6-110所示。

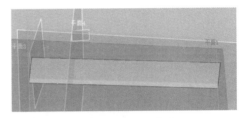

图 6-106 完成后的效果

图 6-107 【赋厚曲面】按钮

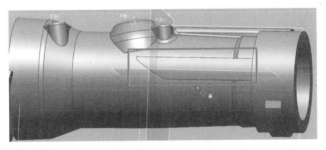

图 6-108 生成的肋特征

图 6-109 待绘制的肋特征

图 6-110　绘制出的肋特征

第 6 步：对图 6-111 所示位置进行倒圆角操作，圆角半径如图 6-112 和图 6-113 中所示，圆角半径的测量方法同前。

图 6-111　需要倒圆角的边

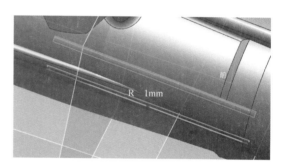

图 6-112　圆角效果 1

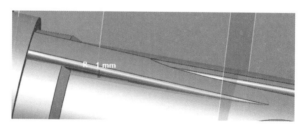

图 6-113　圆角效果 2

10. 绘制正面左侧小凸台 1 与左侧小凸台 2（图 6-114）

图 6-114　正面左侧小凸台 1 与左侧小凸台 2

对正面左侧小凸台 1 与左侧小凸台 2，分别依次进行创建基准平面、绘制草图、拉伸、倒圆角特征，全部完成后的效果如图 6-115 所示。

11. 绘制正面右侧回转体（图 6-116）

图 6-115　绘制完成的效果

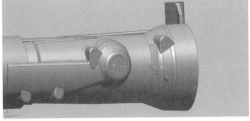

图 6-116　正面右侧回转体

第 1 步：将图 6-117 所示框内的橙色面片插入为领域组。

第 2 步：使用【回转精灵】命令识别特征，对所识别的特征草图进行修改，使其与扫描结果更吻合，并对边进行倒圆角操作，完成效果如图 6-118 所示。

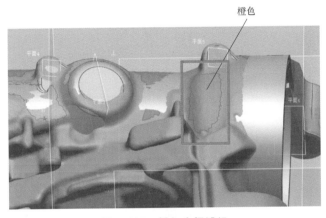

橙色

图 6-117　插入为领域组

图 6-118　完成效果

12. 绘制反面右侧下悬臂特征（图 6-119）

图 6-119　反面右侧下悬臂特征

第 1 步：追加已有面片数据用于绘制特征草图的基准平面。

第 2 步：进入面片草图绘制环境。首先，面片草图的设置应追加该特征中较平滑区域的多段线，获得较高精度和较光顺的断面多段线，从而提高草图质量。然后，绘制与断面多段线尽可能吻合的草图。最后，绘制的特征效果如图 6-120 所示。

---

13. 绘制反面中部拉伸体特征（图 6-121）

第 1 步：追加已有面片数据用于绘制特征草图的基准平面。

第 2 步：进入面片草图绘制环境，其中，面片草图的设置应追加该特征中较平滑区域的多段线，获得较高精度和较光顺的断面多段线，从而提高草图质量。

图 6-120　绘制完成的效果

第 3 步：绘制与断面多段线尽可能吻合的草图。

第 4 步：使用【拉伸】命令生成该特征，并使用【圆角】命令对特征进行修饰，结果如图 6-122 所示。

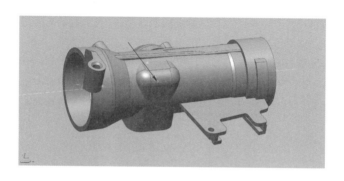

图 6-121　反面中部拉伸体特征

14. 绘制另一侧过渡特征（图 6-123）

图 6-122　生成的特征

图 6-123　另一侧过渡特征

第 1 步：对图 6-124 所示面片即该特征的面片执行插入领域组操作。

第 2 步：使用【面片拟合】命令，拟合特征曲面。需要注意的是，合理调整拟合出的曲面大小，如图 6-125 所示。

第 3 步：使用【赋厚曲面】命令将该面片转化为实体。另一侧的绘制方法同上，结果如图 6-126 所示。

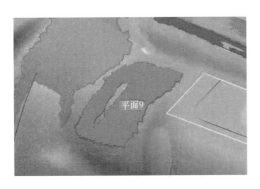

图 6-124　插入领域组

图 6-125　拟合出的面片

6.3.2　点火开关支架下半部分的建模步骤

1. 绘制下半部分主体特征（图 6-127）

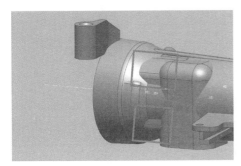

图 6-126　绘制另一侧的过渡特征

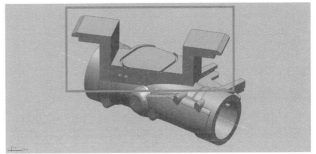

图 6-127　下半部分主体特征

（1）绘制下半部分主体特征的大致形状

第 1 步：如图 6-127 所示，线框内最大的拉伸体特征不与基准平面平行，利用追加已有面片数据用于绘制特征草图的基准平面。

第 2 步：进入面片草图环境，其中，面片草图的设置应追加该特征中较平滑区域的多段线，获得较高精度和较光顺的断面多段线，从而提高草图质量。

第 3 步：绘制与断面多段线尽可能吻合的草图。

第 4 步：使用【拉伸】命令生成该特征的大致形状，结果如图 6-128 所示。

（2）绘制下部 U 形主体特征（图 6-129）

第 1 步：利用已有面片数据追加用于绘制特征草图的基准平面。

第 2 步：进入面片草图绘制环境，其中，面片草图的设置应追加该特征中较平滑区域的多段线。

第 3 步：绘制与断面多段线尽可能吻合的草图。

第 4 步：使用【拉伸】命令生成该特征的大致形状。

第 5 步：利用【圆角】命令和【拉伸】命令，对图中的特征进行修饰，结果如图 6-130 所示。

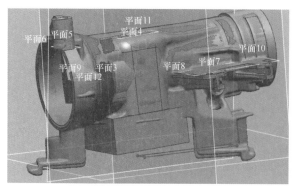

图 6-128　特征的大致形状

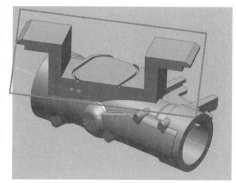

图 6-129　下部 U 形主体特征

2. 绘制下部两侧螺栓柱及其附属特征（图 6-131）

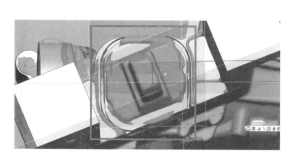

图 6-130　完成创建的特征

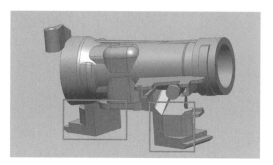

图 6-131　下部两侧螺栓柱及其附属特征

第 1 步：利用追加已有面片数据用于绘制特征草图的基准平面。

第 2 步：进入面片草图绘制环境，其中，面片草图的设置应追加该特征中较平滑区域的多段线，获得较高精度和较光顺的断面多段线，从而提高草图质量。

第 3 步：绘制与断面多段线尽可能吻合的草图。

第 4 步：如图 6-132 和图 6-133 所示，使用【拉伸】命令生成该特征。

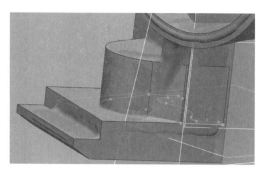

图 6-132　右侧脚部特征

图 6-133　左侧脚部特征

第 5 步：插入图 6-134 所示线框中灰色和黑色位置的面片为两个领域组。

第 6 步：单击图 6-135 所示的【基础曲面】按钮。

第 7 步：在【曲面的几何形状】对话框中的参数设置如图 6-136 所示，【提取形状】应设置为【平面】。

第8步：依次添加和确认刚才插入的两个领域，完成添加的平面后如图6-137所示。

第9步：如图6-138所示，单击【模型】选项卡下的【延长曲面】按钮，将曲面进行扩大，生成图6-139所示的曲面。

第10步：如图6-140所示，使用【圆角】命令，对两个曲面相交处进行倒圆角操作。

第11步：如图6-141所示，单击【模型】选项卡下的【切割】按钮。

黑色
灰色

图 6-134　插入两个领域组

图 6-135　单击【基础曲面】按钮

图 6-136　设置【曲面的几何形状】对话框中的参数

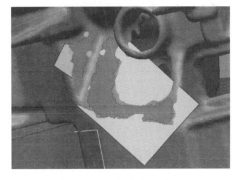

图 6-137　拟合出的曲面

图 6-138　单击【延长曲面】按钮

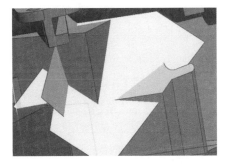

图 6-139　生成的曲面

图 6-140　完成倒圆角的曲面

图 6-141　单击【切割】按钮

第 12 步：依次选择工具和对象，特征完成效果如图 6-142 所示。

3. 绘制反面右侧下部悬臂（图 6-143）

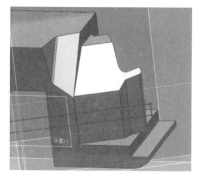

图 6-142　特征完成效果

图 6-143　反面右侧下部悬臂

该特征由两个拉伸特征组合而成，两个拉伸特征的绘制步骤同前面基本一致，都是利用特征的面片创建基准面，添加特征的断面多段线，绘制草图，并使用【拉伸】命令生成特征，完成效果如图 6-144 所示。

4. 绘制正面下部加强肋（图 6-145）

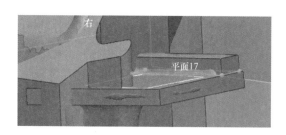

图 6-144　反面右侧下部悬臂完成效果

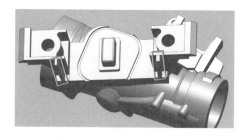

图 6-145　正面下部加强肋

第 1 步：拉伸切除该部位多余的部分。

第 2 步：与其他同类特征的建模步骤相同，即利用特征的面片创建基准面，添加特征的断面多段线，绘制草图，并使用【拉伸】命令生成特征，结果如图 6-146 所示。

5. 绘制反面右侧凸台与右侧工艺孔（图 6-147）

反面右侧凸台与右侧工艺孔特征的绘制方法类似，绘制结果如图 6-148 所示。

6. 绘制底面装配槽位、工艺槽、环状槽、深孔及脚部特征（图 6-149）

该部分特征的绘制方法与前面的特征基本相同，完成的效果如图 6-150 所示。

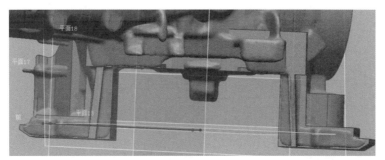

图 6-146　拉伸生成的特征

图 6-147　反面右侧凸台与右侧工艺孔

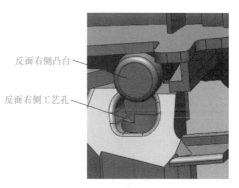

图 6-148　完成后的效果

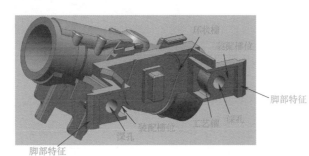

图 6-149　底面特征

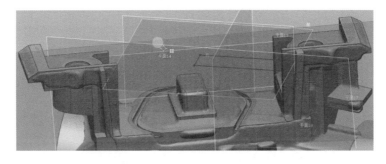

图 6-150　完成效果

7. 绘制顶部另一处肋特征（图 6-151）

第 1 步：将所建立的模型导出为 .X_T 格式文件，点云文件导出为 .PTS 格式文件，然后导入 UG NX 软件中，效果如图 6-152 所示。

图 6-151　顶部另一处肋特征

图 6-152　导入文件效果

第 2 步：在 Geomagic Design X 软件中，将图 6-153 所示黄色部分的特征，采用【面片拟合】命令提取出来，提取出来的面作为在 UGNX 软件中创建该加强肋特征的曲面来源。不采用 Geomagic Design X 软件直接绘制该特征的原因是：使用 Geomagic Design X 软件直接拟合该特征曲面并使用拟合出来的曲面创建该特征，会导致创建的特征精度较差，曲面质量不高。

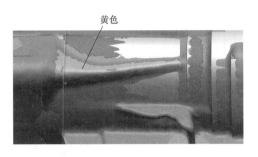

图 6-153　提取的特征

使用【面片拟合】命令的结果如图 6-154 所示。

第 3 步：进入 3D 草图环境，使用【样条曲线】命令绘制出曲面边界，如图 6-155 所示。

第 4 步：使用【剪切曲面】命令将曲面剪切为需要的形状，内孔一侧的曲面应与模型表面相交，另一侧不与模型相交，如图 6-156 所示。

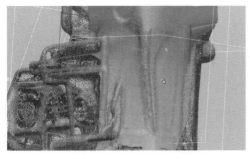

图 6-154　面片拟合结果

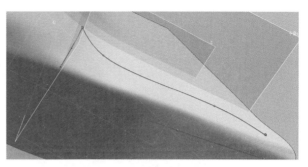

图 6-155　绘制的样条曲线

图 6-156　剪切完成的曲面

第 5 步：使用【赋厚曲面】命令将曲面转化为实体，如图 6-157 所示，先导出 .X_T 格式文件，再将其导入 UG NX 软件中。

第 6 步：如图 6-158 所示，在 UG NX 建模环境中选择【插入】→【派生曲线】→【投影曲线】命令，将导入的实体边线投影在连接处表面上。

图 6-157　特征完成效果

a) 选择命令

b) 设置命令参数

图 6-158　投影曲线

第 7 步：如图 6-159 所示，选择【插入】→【派生曲线】→【在面上偏置曲线】命令，生成构建连接处曲线的另一条曲线。

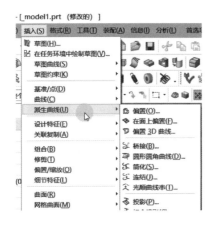

a) 选择命令

b) 设置命令参数

图 6-159　偏置曲线

第 8 步：曲线生成效果如图 6-160 所示。

第 9 步：如图 6-161 所示，单击【通过曲线组】按钮 生成连接曲面。

第 10 步：连接曲面的生成结果如图 6-162 所示。

第 11 步：选择【插入】→【组合】→【补片】命令将生成的片体转化为实体，如图 6-163 所示。需要注意的是，如果补片命令执行出错的话，则需要对片体进行延伸等操作。

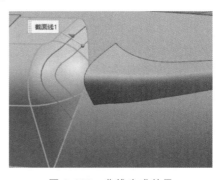

图 6-160　曲线生成效果

a) 单击【通过曲线组】按钮

b) 设置命令参数

图 6-161　通过曲线组生成连接曲面

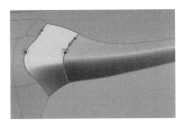

图 6-162　曲面生成结果

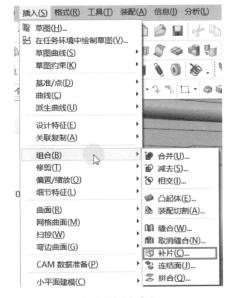

a) 选择【补片】命令

b) 设置命令参数

图 6-163　补片

第 12 步：补片完成后如图 6-164 所示。

第 13 步：在 UG NX 软件中对已经建好的模型，对照扫描点云及实物将圆角补齐，去除多余的特征，需要进行求和的位置进行求和。完成后将模型重新导入 Geomagic Design X 软件中。

8. 顶部另一处肋特征使用 Geomagic Design X 软件进行建模

第 1 步：将图 6-165 所示黄色部分的面片添加为领域组。

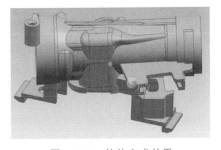

图 6-164　补片完成效果

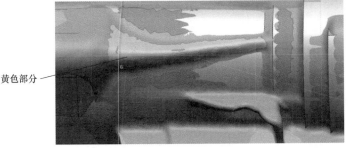

黄色部分

图 6-165　添加为领域组

第 2 步：使用【面片拟合】命令将该特征曲面拟合出来。拟合的效果如图 6-166 和图 6-167 所示。

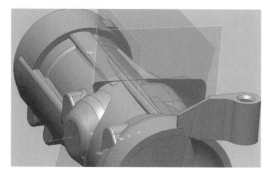

图 6-166　拟合完成效果 1

图 6-167　拟合完成效果 2

通过多角度观察可以发现，拟合出的曲面与缩减模型、扫描所得数据误差非常大，拟合出的曲面无法使用。虽然可使用 Geomagic Design X 软件或通过其他方法建模该特征，但是步骤烦琐，偏差很大，因此选择 UG NX 软件进行该部位特征的建模。

9. 绘制反面右侧上悬臂、右侧凸台、右侧工艺孔特征

绘制该部分特征的步骤与其他同类型特征基本一致，建模完成结果如图 6-168 所示。

10. 绘制正面支架特征（图 6-169）

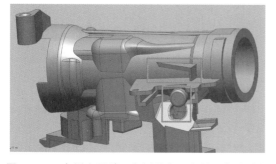

图 6-168　右侧上悬臂、右侧凸台、右侧工艺孔特征

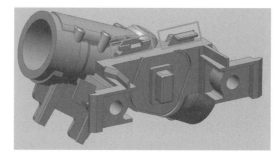

图 6-169　正面支架特征

绘制正面支架特征，主要步骤为追加基准平面、绘制草图、拉伸实体、倒角等，完成效果如图 6-170 所示。

至此，点火开关支架的逆向建模已完成，其完成效果与点云的对比情况如图 6-171 所示。

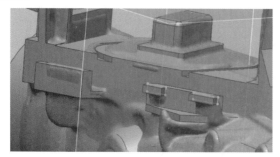

图 6-170　支架特征完成效果图

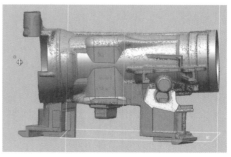

图 6-171　特征完成后的效果

6.3.3　三维建模阶段的文件提交

赛题三维建模阶段对文件提交方面的要求：

1）对齐坐标后用于建模的.STL格式文件，其文件名为【21jm】。

2）支架零件三维模型的建模源文件和.STP格式文件，其文件名为【22jm】。

3）提交位置：保存在U盘根目录，并在计算机D盘根目录下备份，其他位置不得保存。

项目7　Geomagic Control X 软件模型对比分析

 学习目标

知识目标：

1. 了解点火器的特征构成

2. 了解三维扫描数据与参数化数据对比的原理

3. 了解扫描数据的构成与参数化数据的构成

技能目标：

1. 能利用对比软件进行三维数字化设计的质量监控

2. 能分析点火器三维数字化数据的特征偏差

3. 能分析标准扫描数据与参数化数据的几何公差

4. 能根据对比后的精度，返回三维模型进行参数修复

Geomagic Control X 是一款计算机辅助检测软件，通过产品的 CAD 模型与实际制造件之间的对比，实现产品的快速检测，并以直观且易懂的图形来显示检测结果，可对零件进行首件检验、在线或车间检验、趋势分析、2D 和 3D 几何形状尺寸标注以及自动化报告等操作。

任务 7.1　导入模型

第 1 步：如图 7-1 所示，单击界面的【专家】按钮，进入 Geomagic Control X 软件的专家模式。Geomagic Control X 软件的专家模式将会启用全部功能模块，提供全部功能。该功能单击一次永久有效，下次将不再提示。

如图 7-2 所示，若要修改，选择【菜单】→【文件】→【用户配置文件】命令，将会重新弹出用户模式选择的对话框。

第 2 步：单击图 7-3 所示【初始】选项卡下的【导入】按钮，分别导入建立好的模型和点云数据。

第 3 步：单击图 7-4 所示【初始】选项卡下的【最佳拟合对齐】按钮，由软件计算出点云数据和所建立模型的最佳位置，将两者的相对误差及其对分析报告的影响降低至最小，即完成导入。

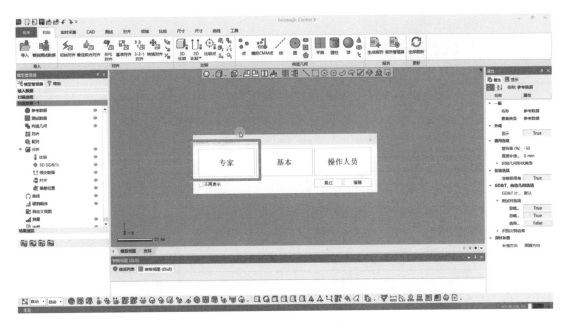

图 7-1　专家模式界面

图 7-2　选择【用户配置文件】命令

图 7-3　单击【导入】按钮

图 7-4　单击【最佳拟合对齐】按钮

任务 7.2　模型的 3D 比较

第 1 步：单击图 7-5 所示【初始】选项卡下的【3D 比较】按钮。

第 2 步：如图 7-6 所示，进入【3D 比较】对话框，单击【下一步】按钮，由软件进行计算。【3D 比较】对话框中的各项参数保持默认设置。

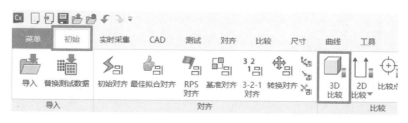

图 7-5　单击【3D 比较】按钮

第 3 步：如图 7-7 所示，设置【3D 比较】对话框中【颜色面板选项】选项组中【最大范围】为 0.1mm，【最小范围】为 −0.1mm。赛题中，对于精度要求：选手创建的模型与扫描三维模型各面数据进行比对，平均误差小于 0.08mm。平均误差大于 0.20mm 不得分，中间状态酌情给分。

第 4 步：在模型显示环境中对模型需要进行检测的地方单击添加比较点。图 7-8 所示比较点的位置仅作为演示使用。在实际的评分中，比较点的位置取决于评委的随机点取。

图 7-6　【3D 比较】对话框

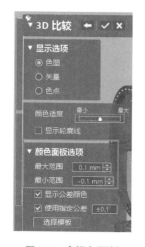

图 7-7　【颜色面板
选项】选项组

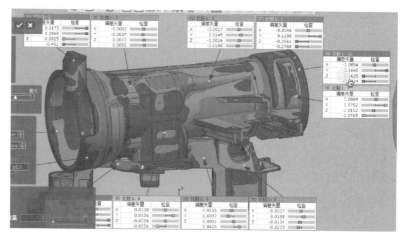

图 7-8　添加比较点

第 5 步：修改注释模式，单击【工具】选项卡下的【靠近对象】按钮，设置比较结果的对齐方式为【靠近对象】模式，其显示效果如图 7-9 所示。

第 6 步：如图 7-10 所示，单击【工具】选项卡下的【编辑注释样式】按钮。由于在分析报告中仅需显示偏差，并不需要其他参数，所以可以通过编辑注释样式删除其他参数。

第 7 步：在【编辑注释样式】对话框中将特征类型设置为【RPS 位置】，使分析基准统一为一个基准；设置注释样式为【Simple】，简化所显示的比较点的比较结果，如图 7-11所示。

第 8 步：如图 7-12 所示，右击需要修改的注释，将已经生成的比较点的样式修改为【Simple】，简化比较点结果显示样式，使视图简单明了。

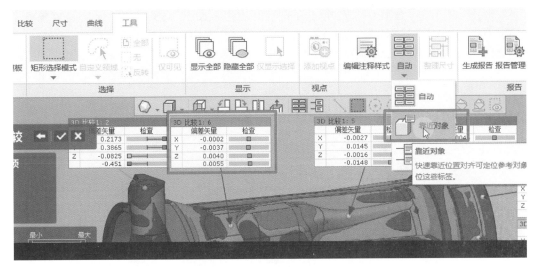

图 7-9　选择【靠近对象】模式

图 7-10　单击【编辑注释样式】按钮

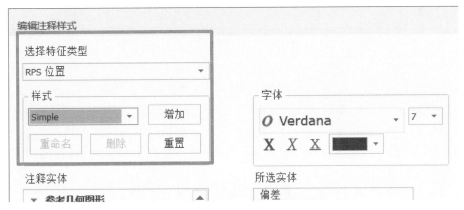

图 7-11　注释样式参数

图 7-12　Simple 样式

第9步：调整注释位置后，选择一个合适的视角，如图 7-13 所示，单击【添加视点】按钮添加生成报告所需的视点，3D 比较完成，结果如图 7-14 所示。

图 7-13 【添加视点】按钮

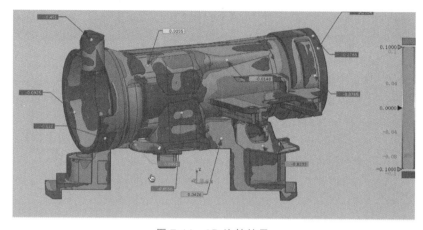

图 7-14 3D 比较结果

任务 7.3 模型的 2D 比较

若存在重要轮廓剖切面，其形状需要精确拟合并测量误差，需要使用模型的 2D 比较功能。2D 比较即在 Geomagic Control X 软件中选取一个基准平面，使用基准平面在被检测模型上做一个剖切面，在该剖切面上计算扫描所得的点云数据与逆向建模的模型数据之间的偏差。与 3D 比较类似，用户在进行 2D 比较时，可以在需要获取精确的偏差数值的点位添加比较点，其相关操作步骤如下：

第1步：如图 7-15 所示，单击【比较】选项卡下【2D】按钮。

图 7-15 【2D】按钮

第 2 步：以 XZ 平面作为剖切平面为例，如图 7-16 所示，单击【2D 比较】对话框中的【Y】按钮，即选择 XZ 平面作为剖切平面。

如需选择其他平面作为剖切平面，可以参照以下步骤。

第一种情况，即剖切平面为三个基准平面或是使用三个基准平面偏移、回转获得。这种情况的操作步骤如下。

1）如图 7-17 所示，在【2D 比较】对话框中的【设置截面平面】选项中选择对应的基准平面。

图 7-16　选择 XZ 平面作为剖切平面

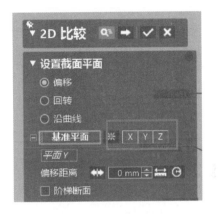

图 7-17　设置截面平面

2）修改基于基准平面的偏移或回转等参数，如图 7-18 所示。

第二种情况，即剖切平面不是基于剖切平面创建的，需要先创建平面，再进行截面平面的设置，操作步骤如下。

1）如图 7-19 所示，单击【初始】选项卡下的【平面】按钮，创建【平面 1】。

创建效果如图 7-20 所示。

2）完成创建平面后，在【2D 比较】对话框中选择【平面 1】作为截面平面，如图 7-21 所示。

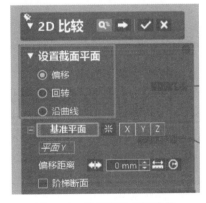

图 7-18　设置基准平面参数

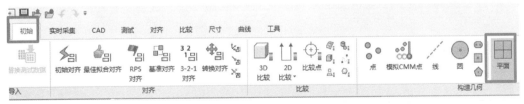

图 7-19　单击【平面】按钮

3）利用【平面 1】作为截面平面建立的 2D 分析结果如图 7-22 所示。

第 3 步：如图 7-23 所示，单击【下一步】按钮 ➡，预览以 XZ 平面作为截面平面的分析比较结果。在该步骤中，所有参数保持默认设置。生成的结果中，截面上的颜色代表了该处偏差的大小，将其颜色与右边的色谱图的分布比对，可根据色谱图对应数值确定具体偏差，生成结果如图 7-24 所示。双击色谱图任意一处可设置色谱图显示的偏差范围。

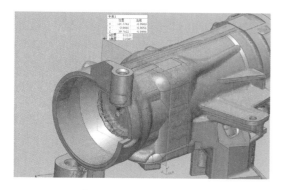

图 7-20　平面创建效果

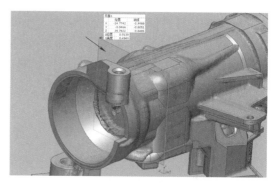

图 7-21　选择截面平面

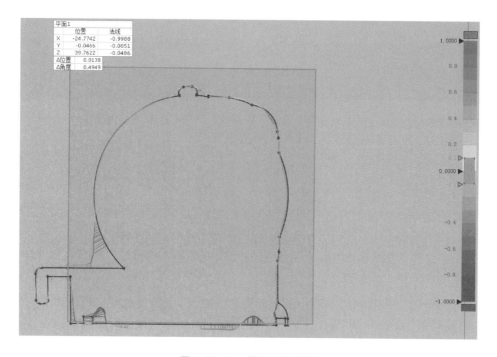

图 7-22　2D 截面分析结果

　　在本赛题中，平均误差小于 0.08mm 得分。平均误差大于 0.20mm 不得分，中间状态酌情给分。

　　第 4 步：如图 7-25 所示。在需要获取偏差数值的图形位置（常为超出偏差要求的位置）单击，即可添加 2D 比较点。

　　第 5 步：如图 7-26 所示，在比较点的结果上右击，在弹出的菜单中选择【编辑注释样式】命令。

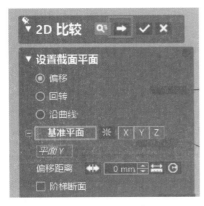

图 7-23 2D 比较参数

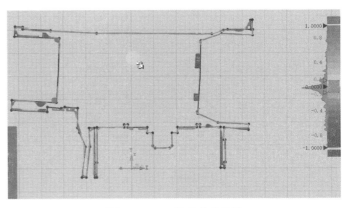

图 7-24 2D 比较分析结果

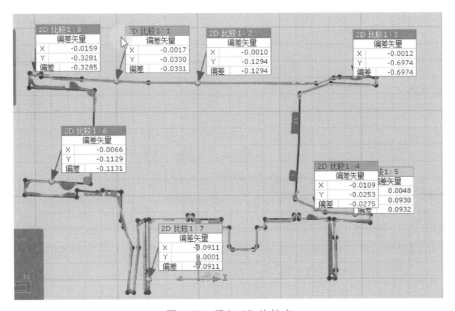

图 7-25 添加 2D 比较点

第 6 步：修改编辑注释样式，如图 7-27 所示，在此例的 2D 比较中，仅比较线性尺寸中的偏差一项，单击线框内的按钮，在【所选实体】选项组中仅剩余【偏差】一项。2D 比较常用的选项有【偏差】【偏差矢量】【测试位置】。其中【偏差】表示仅显示比对位置的法向偏差数值；【偏差矢量】表示显示几个矢量方向的偏差；【测试位置】表示比较点的坐标位置。

图 7-26 【编辑注释样式】按钮

第 7 步：如图 7-28 所示，在模型环境中比较点的结果上右击，在弹出的菜单中选择【预置】→【Simple】命令，使比较点的结果简化为仅显示偏差数值一项，完成后单击命令参数面板的【确认】按钮完成该命令。

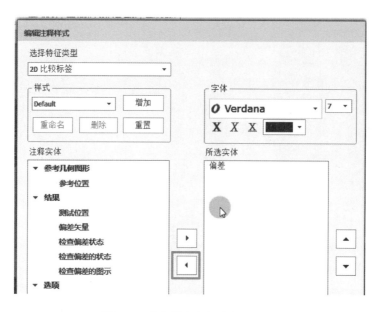

图 7-27　【编辑注释样式】对话框

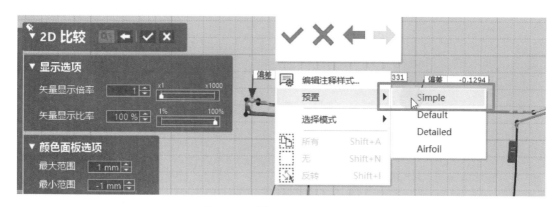

图 7-28　选择【Simple】命令

2D 比较结果如图 7-29 所示。

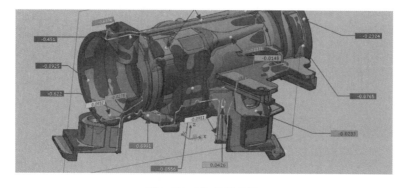

图 7-29　2D 比较结果

任务7.4　模型的尺寸标注

为了分析模型关键部位拟合曲面某些具体线性尺寸的尺寸偏差，要使用 Geomagic Control X 软件的模型尺寸标注功能。

其具体操作如下。

第 1 步：如图 7-30 所示，单击【尺寸】选项卡下的【智能尺寸】按钮。

图 7-30　单击【智能尺寸】按钮

第 2 步：如图 7-31 所示，单击模型树中方框所示位置的按钮，当按钮为灰色时，可隐藏模型树中该项不在模型环境中显示，即将不需要在模型环境中显示的内容隐藏。

第 3 步：单击模型环境中需要添加尺寸标注的位置，尺寸标注的类型会由软件自动判断，即可添加模型尺寸。添加模型外形的长度尺寸的结果如图 7-32 所示。

第 4 步：如图 7-33 所示，选择一个合适的视角，单击【工具】选项卡下的【添加视点】按钮，为生成分析报告添加所需视点。

图 7-31　结果内容隐藏

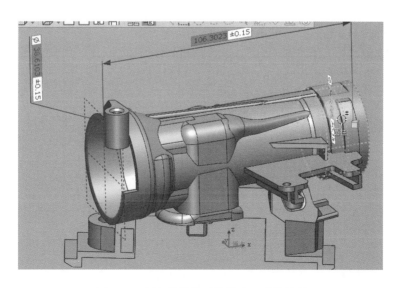

图 7-32　添加模型外形的长度尺寸的结果

图 7-33　单击【添加视点】按钮

任务 7.5　生成报告

第 1 步：如图 7-34 所示，单击【工具】选项卡下的【生成报告】按钮，生成比对报告。

图 7-34　单击【生成报告】按钮

第 2 步：如图 7-35 所示，设置【报告创建】对话框中的参数。在【所选实体】选项组中列出前面做的各项比对的所有内容，选择需要展现的比对项，完成后单击下方的【生成】按钮，即可生成需要输出的比对报告。

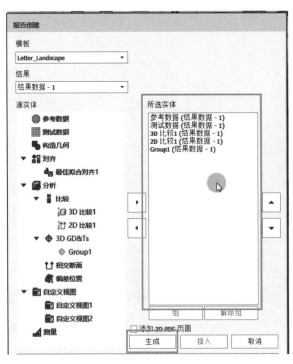

图 7-35　设置【报告创建】对话框中的参数

任务7.6　提交对比分析报告的文件

赛题中对对比分析报告文件的提交要求如下：

1）对比文件采用 .PDF 格式文件，文件名为【23db】。

2）提交位置：保存在 U 盘根目录中一份，并在计算机 D 盘根目录下备份，其他位置不得保存。

任务7.7　点火开关支架反求数据对比要点分析

在比赛中，对数字模型对比报告在内容方面的要求为：包含模型的 3D 比较、2D 比较及创建 2D 尺寸。3D 比较（建模 STL 格式文件与逆向结果）、2D 比较（指定位置）及创建 2D 尺寸（指定位置并标注主要尺寸）即可。

7.7.1　3D 比较部分

在三维建模阶段的评分指标中，【特征完成精确度】指标的评分过程中有可能使用选手生成的数字模型对比报告中 3D 比较部分图 7-36 所示的【公差内】分析结果进行评分。

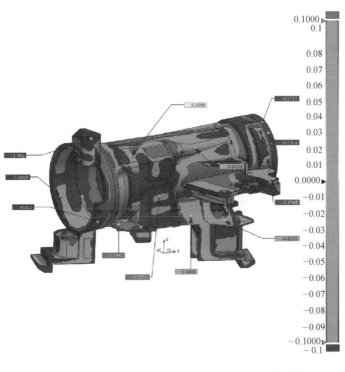
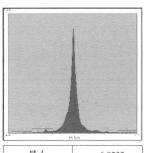

最小	−6.9232
最大	6.9237
平均	0.1101
RMS	1.5628
标准偏差	1.5589
离散	2.4303
+平均	0.8964
−平均	−0.691
公差内(%)	26.9345
超出公差(%)	73.0655
高于公差(%)	36.7522
低于公差(%)	36.3133

图 7-36　3D 比较结果

7.7.2　2D 比较部分

如图 7-37 所示，选手出具的报告中 2D 比较部分只需要包含 2D 比较结果和 2D 比较点的结果即可，赛题并没有对此提出特别的要求。

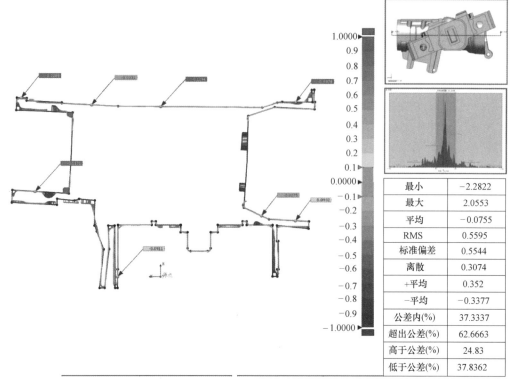

最小		−2.2822
最大		2.0553
平均		−0.0755
RMS		0.5595
标准偏差		0.5544
离散		0.3074
+平均		0.352
−平均		−0.3377
公差内(%)		37.3337
超出公差(%)		62.6663
高于公差(%)		24.83
低于公差(%)		37.8362

图 7-37　2D 比较结果

7.7.3　2D 尺寸部分

如图 7-38 所示，在选手出具的数字模型对比报告中，2D 尺寸部分只需要包含零件的重要外形尺寸，如长度、宽度、高度等，赛题并没有对此提出特别的要求。

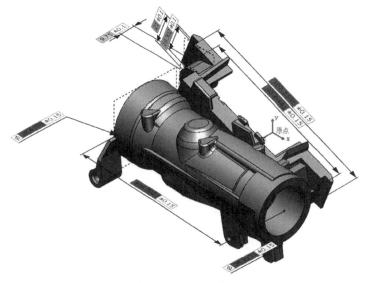

图 7-38　2D 尺寸

项目8　零件的数控编程

 学习目标

知识目标：

1. 了解铣削加工的含义及加工范围

2. 了解各类常见特征的加工策略

3. 了解数控加工的常用专业术语

4. 掌握编程软件的建模模块、加工模块的基本操作方法

5. 掌握编程软件编程模块常用指令的适用范围及各参数含义

6. 了解所加工零件各特征的用途

技能目标：

1. 能根据待加工零件，制订合理的加工工艺

2. 能根据待加工零件，利用软件分析、判断、选择所需加工刀具

3. 能根据加工工艺，创建对应的加工坐标系和毛坯

4. 能根据加工工艺，使用编程软件对所加工零件的进行程序的编制

5. 能合理、规范地填写加工工艺说明卡与加工工艺过程卡

6. 能对所编制的程序进行后处理并进行明确标注

素质目标：

1. 培养学生协同合作的团队精神，能与团队成员协作，共同完成任务

2. 培养学生树立正确的、高尚的职业道德、人生观、价值观

3. 培养学生实事求是、求真务实、开拓创新的科学精神，尊重实证、批判地思考，灵活性解决问题和对变化世界敏感的科学态度

思政目标：

1. 具备有条不紊、随机应变、临危不乱的能力，能够协助他人完成任务

2. 具备敬业、精益、专注、创新的工匠精神

任务8.1　数控编程与仿真软件

在 2019 年全国职业院校技能大赛工业产品数字化设计与制造赛项中，要求对产品创新

设计中用于夹持点火开关支架的软爪分别进行数控编程与数控加工。

在任务中，选手需根据比赛现场提供的机床、刀具、毛坯，选择合适的软件、加工工艺对产品创新设计中的软爪进行数控编程加工。

其中有 Siemens NX10 教育版、Autodesk PowerMILL 2017 软件供选手选用，选手可依据个人的习惯进行选择。在本例中，以 Siemens NX 10 软件为例进行讲解、示范。其他数控编程与仿真软件操作可参照本例中的思路进行学习。

Siemens NX 软件是一款针对产品工程解决方案软件。软件该软件具备建模、装配、仿真、二维制图、加工、设计仿真等功能模块，是一款较强大的数字化产品开发系统，能实现从设计到仿真再到加工的全部工作，是目前常用的产品开发软件。

1. 软件基本界面

NX 10 软件基本界面如图 8-1 所示，其构成及描述内容见表 8-1。

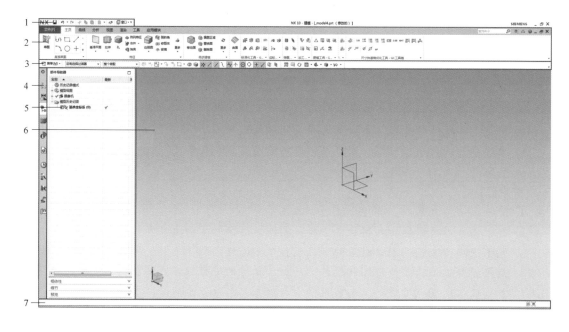

图 8-1 NX 10 软件基本界面

表 8-1 NX 10 软件基本界面的构成

编号	组件	描述
1	快速访问工具条	包含常用命令，如保存和撤销
2	功能区	将每个应用程序中的命令组织为选项卡和选项组
3	上边框条	包含菜单、选择组、视图组和实用工具组命令
4	资源条	包含导航器和资源板，包括部件导航器和角色选项卡
5	导航器	单击资源条上的按钮，将会弹出相应的导航器
6	图形窗口	建模、可视化并分析模型
7	提示/状态行	提示下一个动作并显示消息

2. 软件基本操作（表8-2）

表8-2 NX 10软件基本操作

执行任务	鼠标示意	操作
通过对话框中的菜单或选项选择命令		单击命令或选项
在图形窗口中选择对象		单击对象
在列表框中选择连续的多个选项		按<Shift>键的同时单击这些选项
选择或取消选择列表框中的非连续选项		按<Ctrl>键的同时单击这些选项
对某个对象启动默认操作		双击该对象
循环完成某个命令中的所有必需步骤，然后单击【确定】按钮或【应用】按钮		单击鼠标中键
关闭对话框		按<Alt>键的同时单击鼠标中键
显示特定对象的快捷菜单		右击对象
显示视图弹出菜单		右击图形窗口的背景，或按<Ctrl>键的同时右击图形窗口的任意位置

任务8.2 加工工艺分析

本任务的讲解对象以实际比赛中创意设计阶段得分较高的设计成果为例，其设计三维图如图8-2所示。

设计手指1和设计手指2的模型尺寸均为50mm×53mm×23mm。

8.2.1 设计手指1和设计手指2的摆放方式

比赛现场提供的毛坯尺寸为120mm×60mm×30mm，形状为长方体，毛坯尺寸误差为±0.5mm，毛坯材料为7075铝合金。由于比赛中只提供了一块毛坯，所以在比赛中要使用提供的一块毛坯加工出两个设计手指的方法也是比赛的重要考点之一。

很多选手就使用一块毛坯加工两个设计手指这一要求，往往选择先将一块毛坯分割为两块小的毛坯，再依次加工两个设计手指。如果选择使用这个加工方案，则会产生多次重复的装夹和对刀操作，将会严重浪费时间。此方案不合理。

1）比较合理的加工方案为：使用一块毛坯同时加工两个设计手指，合理进行两个设计

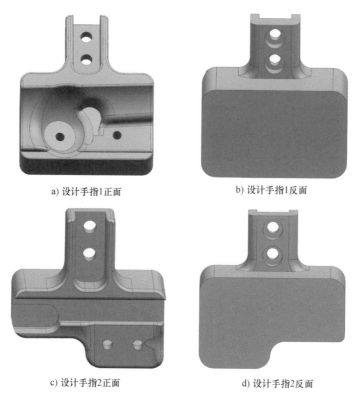

a) 设计手指1正面　　　　　　　　　b) 设计手指1反面

c) 设计手指2正面　　　　　　　　　d) 设计手指2反面

图 8-2　设计手指 1 和设计手指 2 的模型特征

手指的排布，减少装夹次数，如图 8-3 所示。

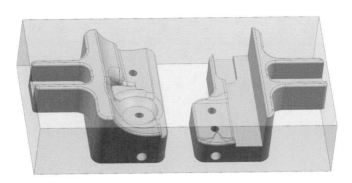

图 8-3　两个设计手指的排布方案

其相关位置排布依据如下：

由于按照两个设计手指的结构，应将类似的特征结构放在相同的面上进行加工，便于一次加工完成，所以将两个设计手指的进气孔放在同一侧，曲面特征放在同一侧，形成相关摆放位置，如图 8-4 所示。

2）完成设计手指 1 和设计手指 2 的摆放后，由于毛坯外观表面不平整，毛坯两侧

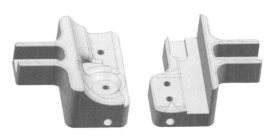

图 8-4　设计手指 1 和设计手指 2 的摆放

应预留有 1~2mm 的加工余量，如图 8-5 所示。

3）应考虑设计手指 1 和设计手指 2 之间留有足够宽的切断缝，用于工件切断。此例中，长边方向的总长度为 106mm，两侧留有 1mm 的加工余量，则设计手指 1 和设计手指 2 之间的距离设置为 12mm，如图 8-6 所示。

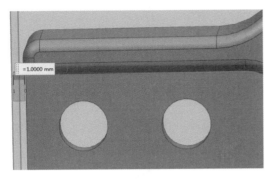
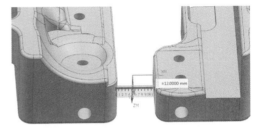

图 8-5 两侧加工余量　　　　　　　　　　图 8-6 设计手指 1 和设计手指 2 的间距

8.2.2 刀具及刀具参数的选择

如图 8-7 所示，设计手指 1 和设计手指 2 中间的切断缝宽度为 12mm，如图 8-8 所示，设计手指 2 的浅槽的宽度为 11mm，综合两处特征的尺寸，以保证加工质量，提高加工效率为考量，选择 ϕ10mm 的平铣刀作为粗加工的铣刀。

设计手指 2 正面特征的 U 形槽和装配 U 形槽的圆角半径测量结果如图 8-9 和图 8-10 所示。为了加工完成所有特征，必须选择直径小于 7mm 的刀具，可以选择 ϕ6mm 的平铣刀。因此，第二把铣刀选择 ϕ6mm 的平铣刀。

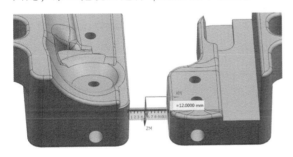
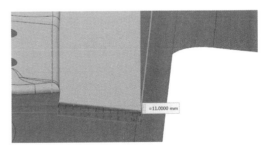

图 8-7 切断缝宽　　　　　　　　　　图 8-8 最小槽宽

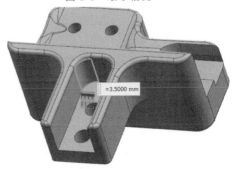

图 8-9 U 形槽宽　　　　　　　　　　图 8-10 内圆角半径

如图 8-11 所示，设计手指 1 和设计手指 2 的侧面用于安装气管快接头的 M5 螺纹孔，螺距为 0.75mm，依据企业的实际经验，用螺纹孔公称直径减去螺距为螺纹孔的底孔大小，即 4.25mm，取 4.2mm。设计手指 1 和设计手指 2 两侧的装配槽底部分别有两个通孔，用于与手指气缸连接。其中手指气缸用于连接 M4 的螺纹孔，为了便于装配，装配槽的孔径需要略大于 ϕ4mm。赛项任务书对正面特征的气孔没有特殊要求，因此选用 ϕ4.2mm 的麻花钻用于孔的加工。

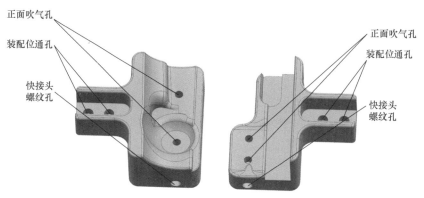

正面吹气孔
装配位通孔
快接头螺纹孔

正面吹气孔
装配位通孔
快接头螺纹孔

图 8-11　孔类特征

在保证加工质量的前提下，选择较大尺寸的球头铣刀，能缩短加工时间、降低刀具折断的几率。因此选用 R4mm 的球头铣刀进行曲面的加工。

如图 8-12 所示，通过对零件特征的分析，部分细节特征的工艺圆角使用 R4mm 球头铣刀未能加工到位，分析该部分特征尺寸，应再使用 R1.5mm 的球头铣刀进行加工。但在竞赛中，应综合考虑再做选择，若选择 R1.5mm 以下的球头铣刀，刀具折断概率较大，导致扣分，并且加工耗时长，容易出现加工超时现象，导致工件无法被加工完成。综合以上的情况考虑，选择 R2mm 的球头铣刀进行加工，去除大部分余量，在时间允许的情况下，再选用 R1mm 的球头铣刀进行精加工。

图 8-12　加工难度较大的曲面特征

根据以上对设计手指 1 和设计手指 2 设计特征的分析，可以得出加工设计手指 1 和设计手指 2 的刀具规格，见表 8-3。

表 8-3　刀具规格

序号	刀具类型	刀具规格	序号	刀具类型	刀具规格
1	平铣刀	ϕ10mm	4	球头铣刀	R2mm
2	平铣刀	ϕ6mm	5	麻花钻	ϕ4.2mm
3	球头铣刀	R4mm			

由于每把刀具的材料、适用的加工工艺不同，所以每把刀具的切削参数也会有所不同。在实际编程过程中，应根据刀具外包装或厂家提供的使用说明中的切削参数表进行调整。本

例讲解零件的数控编程加工时设定的各项切削参数仅供读者参考。

8.2.3 加工工序

1. 工序一

对侧面的快接头螺纹孔（正面吹气孔的进气孔）进行钻孔加工。加工时，工件装夹于工件长边所在的平面，如图8-13所示。

根据"8.2.2 刀具及刀具参数的选择"中的内容，并结合工序一的加工工艺分析可知，工序一选用的刀具规格为ϕ4.2mm的麻花钻。

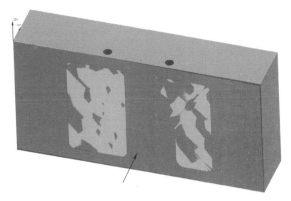

图8-13 工序一装夹位置示意

2. 工序二

对工件反面的特征进行粗铣、精铣、钻孔和圆角加工。其中，圆角加工只有在加工时间充足的情况下进行。根据工序二的加工内容，可以将其划分为7个工步，即"工步一：面铣""工步二：粗加工""工步三：左右平面精加工""工步四：外轮廓精加工""工步五：对刀位加工""工步六：装配孔钻孔""工步七：圆角加工"。

工序二中的工件装夹是在工序一的基础上，以工序一加工坐标系的X轴，即工件的长边顺时针方向旋转90°后（工序一加工的孔在装夹完成后的工件的后面）再次装夹，工件装夹于工件长边所在平面，装夹的示意图如图8-14所示。

根据"8.2.2 刀具及刀具参数的选择"中的内容，并结合工序二的加工工艺分析、工步划分可知，加工工序二中的工步一～工步五选用的刀具规格为ϕ10mm的平铣刀，工步六选用的是ϕ4.2mm的麻花钻，工步七选用的是R4mm的球头铣刀。

图8-14 工序二装夹位置示意

3. 工序三

对工件正面的特征进行粗铣、精铣、钻孔和圆角加工。其中，圆角加工只有在加工时间充足的情况下进行。根据工序三的加工内容，可以将其划分为11个工步，即"工步一：确定总高""工步二：整体开粗""工步三：二次粗加工""工步四：外轮廓精加工""工步五：平面轮廓精加工""工步六：装配位U形槽粗加工""工步七：U形槽精加工""工步八：设计手指1和设计手指2曲面精加工""工步九：设计手指1曲面清根""工步十：倒圆角""工步十一：正面吹气孔加工"。

工序三中的工件装夹是在工序二的基础上，以工序二加工坐标系的X轴，即工件的长边顺时针方向旋转180°后（工序一加工的孔在装夹完成后的工件的前面）再次装夹，工件装夹于工件长边所在的平面，装夹的示意图如图8-15所示。

根据"8.2.2 刀具及刀具参数的选择"中的内容，并结合工序三的加工工艺、工步划分可知，加工工序三中的工步一～工步五选用的刀具规格为 $\phi10mm$ 的平铣刀。工步六和工步七选用 $\phi6mm$ 的平铣刀，工步八选用 $R4mm$ 的球头铣刀，工步九和工步十选用 $R2mm$ 的球头铣刀，工步十一选用 $\phi4.2mm$ 的麻花钻。

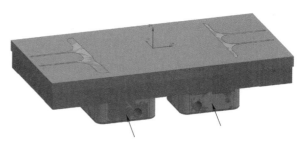

图 8-15　工序三装夹位置示意

8.2.4　切削三要素的选择

切削用量是指切削速度、进给量（或进给速度）、背吃刀量，统称为切削三要素，也称切削用量三要素。它是调整刀具与工件间相对运动速度和相对位置所需的工艺参数。在实际加工中，切削三要素需要在刀具厂家给出的切削参数表的基础上，通过试验来确定最优的切削参数。

1. 切削速度

切削速度是指刀具切削刃上的某一点相对于待加工表面在主运动方向的瞬时速度。当粗加工或工件材料的加工性能较差时，宜选取较低的切削速度；当精加工或刀具材料和工件材料的可加工性较好时，宜选取较高的切削速度。

2. 进给量

进给量是指刀具在进给运动方向相对工件的位移量。粗加工时，由于对工件的表面质量没有太高的要求，所以主要根据机床进给机构的强度和刚性、刀杆的强度和刚性、刀具材料、刀杆和工件尺寸，以及已选定的背刀吃量等因素来选取进给速度。精加工时，则按工件表面粗糙度要求、刀具及工件材料等因素来选取进给速度。

3. 背吃刀量

背吃刀量是指垂直于进给速度方向的切削层最大尺寸。粗加工时，除留下精加工余量外，一次进给应尽可能切除全部余量。在加工余量过大、工艺系统刚性较低、机床功率不足、刀具强度不够等情况下，可分多次进给。当遇到切削表层有"硬皮"的铸锻件时，应尽量使背吃刀量大于硬皮层的厚度，以保护刀尖。精加工的加工余量一般较小，可一次切除。

任务 8.3　数控编程前的准备工作

在进行零件各个工序的数控编程前，还需要进行一些数控编程前的准备工作，其内容主要包含：创建刀具、创建毛坯和零件、创建加工坐标系。

8.3.1　进入加工环境

如图 8-16 所示，依次单击【应用模块】选项卡下的【加工】按钮，进入 NX 10 的加工环境。

图 8-16 单击【加工】按钮

8.3.2 创建刀具

1. 平铣刀的创建

第 1 步：如图 8-17 所示，单击【主页】选项卡下的【创建刀具】按钮。

图 8-17 单击【创建刀具】按钮

弹出的【创建刀具】对话框如图 8-18 所示。

第 2 步：如图 8-19 所示，单击【刀具子类型】选项组中的【平铣刀】按钮 ，修改刀具【名称】为 T1D10，完成后单击【确定】按钮，将会弹出刀具参数设置对话框。

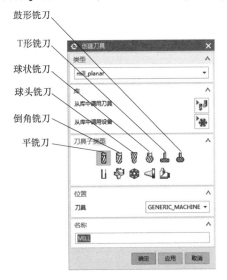

图 8-18 【创建刀具】对话框

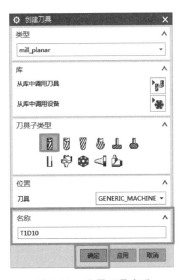

图 8-19 设置刀具名称

第 3 步：在图 8-20 所示的对话框中，修改铣刀【直径】为 10mm，修改【补偿寄存器】为 1，修改【刀具补偿寄存器】为 1，完成后单击【确定】按钮，完成刀具的创建。

刀具创建完成后，在工序导航器-机床视图中将显示刚刚创建完成的刀具，如图 8-21 所示。

第 4 步：采用相同步骤创建另一把平铣刀，该铣刀命名为 T2D6，如图 8-22 所示，将铣刀参数中的【直径】修改为 6mm，修改【补偿寄存器】为 2，修改【刀具补偿寄存器】为 2。

图 8-20　修改平铣刀刀具参数

图 8-21　显示铣刀 T1D10

图 8-22　设置铣刀 T2D6 的参数

2. 球头铣刀的创建

第 1 步：如图 8-23 所示，单击【主页】选项卡下的【创建刀具】按钮。

第 2 步：如图 8-24 所示，在弹出的【创建刀具】对话框中单击【刀具子类型】选项组中的【球头铣刀】按钮 ，修改刀具【名称】为 T3R4，完成后单击【确定】按钮。

图 8-23　单击【创建刀具】按钮

第 3 步：在图 8-25 所示的对话框中，修改铣刀的【球直径】为 8mm，修改【补偿寄存器】为 3，修改【刀具补偿寄存器】为 3，成后单击【确定】按钮，完成刀具的创建。

第 4 步：采用相同步骤创建另一把球头铣刀，铣刀命名为 T4R2，如图 8-26 所示，修改铣刀参数中的【球直径】为 4mm，修改【补偿寄存器】为 4，修改【刀具补偿寄存器】为 4。

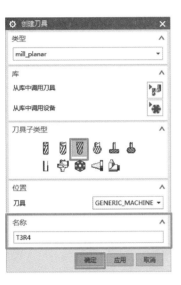

图 8-24 创建球头铣刀

图 8-25 设置球头铣刀刀具参数

图 8-26 设置铣刀 T4R2 的参数

3. 麻花钻的创建

第 1 步：如图 8-27 所示，单击【主页】选项卡下的【创建刀具】按钮。

图 8-27 单击【创建刀具】按钮

第 2 步：如图 8-28 所示，在弹出的【创建刀具】对话框中的【类型】列表框中，选择【drill】选项，点位加工【刀具创建】对话框如图 8-29 所示。

第 3 步：如图 8-30 所示，在【创建刀具】对话框的【刀具子类型】选项组中，单击【麻花钻】 按钮，修改刀具【名称】为 T5Z4.2，完成后单击【确定】按钮。

第 4 步：如图 8-31 所示，修改麻花钻的【直径】为 4.2mm，修改【补偿寄存器】为 5，完成后单击【确定】按钮，完成刀具的创建。

所有刀具创建完成，所有刀具在【工序导航器-机床】视图中显示，如图 8-32 所示。

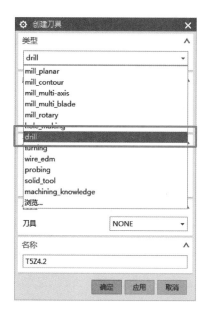

图 8-28　选择【drill】选项

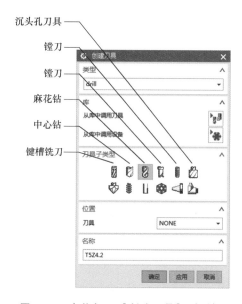

图 8-29　点位加工【创建刀具】对话框

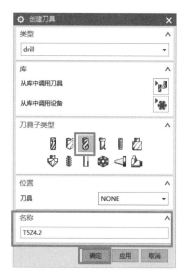

图 8-30　创建 T5Z4.2 刀具

图 8-31　设置 T5Z4.2 刀具的参数

图 8-32　加工所需所有刀具

8.3.3　创建加工坐标系、毛坯和零件

1. 创建毛坯

第1步：如图8-33所示，单击【应用模块】选项卡下的【注塑模】按钮，打开【注塑模向导】选项卡，功能区将出现【注塑模向导】选项卡，如图8-34所示。

第2步：如图8-35所示，单击【注塑模向导】选项卡下的【创建方块】按钮 ，在图形窗口框选排列好的设计手指1和设计手指2。如图8-36所示，将【创建方块】对话框的【设置】选项组中的【间隙】改为0，目的是为创建一个紧贴工件的包容块。单击【确定】按钮完成创建，如图8-37所示。

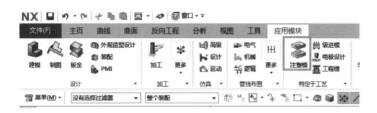

图 8-33　单击【注塑模】按钮

图 8-34　【注塑模向导】选项卡

图 8-35　单击【创建方块】按钮　　　　图 8-36　【创建方块】对话框

第3步：如图8-38所示，单击【注塑模向导】选项卡下的【坯料尺寸】按钮 ，在图形窗口单击前一步通过【创建方块】命令创建的方块，即可获得方块的尺寸。如图8-39

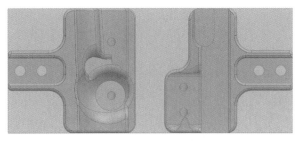

图 8-37 创建的方块

所示，方块尺寸为 118mm×50mm×25mm，由于提供的毛坯尺寸为 120mm×60mm×30mm。因此，需要将长边方向单边扩大 1mm，宽边方向单边扩大 5mm，高度方向不需要进行修改，加工时高度方向的毛坯去除量通过坐标偏置来实现。

图 8-38 单击【坯料尺寸】按钮

第 4 步：如图 8-40 所示，在图形窗口中右击前面创建的方块，在弹出的快捷菜单中选择【可回滚编辑】命令，如图 8-41 所示，重新修改坯料尺寸。

图 8-39 修改的尺寸

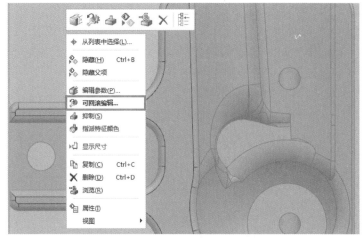

图 8-40 选择【可回滚编辑】命令

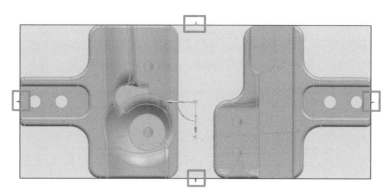

图 8-41   修改的小箭头

图形窗口内出现图 8-41 所示的画面后，单击画面中
的小箭头图标▲，即可出现图 8-42 所示的修改间隙文本
框。将图 8-42 中上、下两处的【面间隙】修改为 5mm，
左、右两处的修改为 1mm。

图 8-42   【面间隙】文本框

修改完成后，再次单击【坯料尺寸】对话框中的【确定】按钮，毛坯创建完成，效果
如图 8-43 所示。

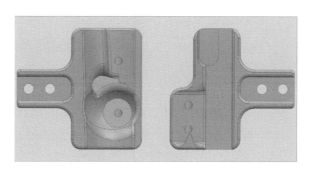

图 8-43   毛坯创建完成

2. 在加工环境中创建毛坯和工件

第 1 步：如图 8-44 所示，重新进入加工环境后，单击上边框条左侧的【几何视图】按
钮 ，将工序导航器从机床视图切换为几何视图，如图 8-45 所示。

图 8-44   单击【几何视图】按钮   图 8-45   【工序导航器-几何】导航器

第 2 步：如图 8-46 所示，右击【工序导航器-几何】中的【WORKPIECE】选项，在弹
出的快捷菜单中选择【编辑】命令，即可在图 8-47 所示的【工件】对话框里编辑加工环境
中的毛坯和工件。

图 8-46 选择【编辑】命令

图 8-47 【工件】对话框

第 3 步：如图 8-48 所示，单击【工件】对话框的【几何体】选项组中的【指定部件】按钮，软件将会弹出【部件几何体】对话框，如图 8-49 所示。

图 8-48 【工件】对话框

图 8-49 【部件几何体】对话框

此时，选择图形窗口内的设计手指 1 和设计手指 2，如图 8-50 所示，单击【部件几何体】对话框中的【确定】按钮，如图 8-51 所示，即可完成工件的创建。单击【工件】对话框中的【指定部件】按钮，如图 8-52 所示。

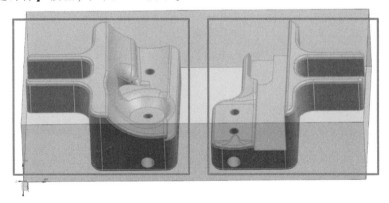

图 8-50 选择设计手指 1 和设计手指 2

图 8-51　单击【部件几何体】
对话框中的【确定】按钮

图 8-52　单击【工件】对话框中的
【指定部件】按钮

第 4 步：如图 8-53 所示，单击【工件】对话框的【几何体】选项组下的【指定毛坯】按钮 ⊗，如图 8-54 所示，软件将会弹出【毛坯几何体】对话框。如图 8-55 所示，在图形窗口选择已创建好的毛坯方块，如图 8-56 所示单击【毛坯几何体】对话框中的【确定】按钮，如图 8-57 所示，毛坯创建完成。

图 8-53　单击【指定毛坯】按钮

图 8-54　【毛坯几何体】对话框

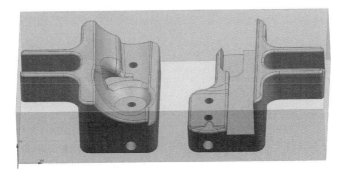

图 8-55　选择毛坯方块

图 8-56 单击【毛坯几何体】对
话框中的【确定】按钮

图 8-57 【工件】对话框（毛坯创建完成）

第 5 步：如图 8-58 所示，单击【工件】对话框中的【确定】按钮，即可完成加工环境中的工件和毛坯的创建。

3. 创建工序一的加工坐标系

第 1 步：如图 8-59 所示，单击上边框条左侧的【几何视图】按钮 ，将工序导航器从机床视图切换为几何视图，如图 8-60 所示。

第 2 步：双击【工序导航器-几何】导航器中的【MCS_MILL】选项，打开【MCS 铣削】对话框，单击【机床坐标系】选项组中的按钮 ，如图 8-61 所示，弹出【CSYS】对话框。

图 8-58 单击【确定】按钮

图 8-59 单击【几何视图】按钮

图 8-60 【工序导航器-几何】导航器

图 8-61 【CSYS】对话框

单击图 8-62 所示方框中的毛坯边角点，设置工序一的加工坐标系。

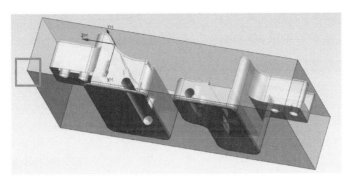

图 8-62 毛坯边角点

以旋转 Z 轴为例，单击图 8-63 所示圆圈中的点，设置坐标系旋转。旋转坐标系至 Z 轴与进气孔同一方向。以同样的方法将 X 轴旋转至与毛坯长边同一方向。

工序一的加工坐标系设置完成的效果如图 8-64 所示。

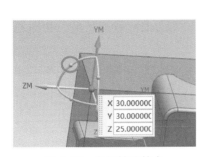

图 8-63 坐标轴旋转点

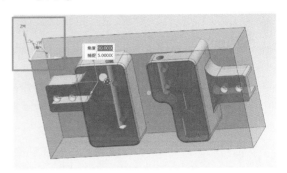

图 8-64 工序一的加工坐标系

4. 创建工序二的加工坐标系

第 1 步：右击【工序导航器-几何】导航器中的【MCS_MILL】选项，弹出的快捷菜单如图 8-65 所示，选择【复制】命令；单击【工序导航器-几何】导航器中的【MCS_MILL】选项，在弹出的快捷菜单中选择【粘贴】命令。复制出的加工坐标系即为工序二的加工坐标系，如图 8-66 所示。

图 8-65 选择【复制】和【粘贴】命令

图 8-66 复制出的坐标系

第2步：双击复制出来的【MCS_MILL_COPY】坐标系，弹出【MCS铣削】对话框，如图8-67所示，单击【机床坐标系】选项组中的按钮 ![],弹出【CSYS】对话框，如图8-68所示。在【类型】列表框中选择【自动判断】选项。

图 8-67 【MCS 铣削】对话框

图 8-68 【CSYS】对话框

第3步：单击图8-69所示方框中的面作为软件自动判断坐标系的平面，软件将会自动计算平面的中心作为坐标点。

需要特别注意的是，毛坯的长边应与X轴同向，短边应与Y轴同向，Z轴正方向应朝上。其主要原因是为了机用平口钳更好地夹持工件，机用平口钳夹持的面应为毛坯的长边所在平面，机用平口钳钳口与X轴平行，Z轴负方向应为去除材料的方向。因此，如果长边不与X轴同向，短边不与Y轴同向，则需要对坐标轴进行旋转。使用长边所在平面作为夹持平面，是为了增大夹持面积，使机用平口钳夹持工件更稳固。

工序二的加工坐标系设置完成的效果如图8-70所示。

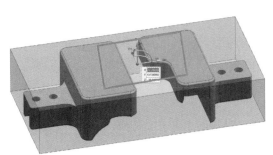

图 8-69 自动判断的坐标系

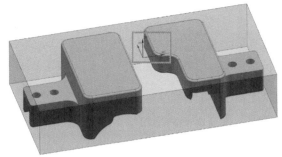

图 8-70 工序二的加工坐标系设置完成

5. 创建工序三的加工坐标系

工序三的加工坐标系，可以通过复制工序二的加工坐标系，再修改相关参数来创建。

第1步：右击【工序导航器-几何】导航器中的【MCS_MILL_COPY】选项，弹出的快捷菜单如图8-71所示，选择【复制】命令；单击【工序导航器-几何】导航器中的【MCS_MILL_COPY】选项，弹出的快捷菜单中选择【粘贴】命令。复制出的加工坐标系即为工序三的加工坐标系，如图8-72所示。

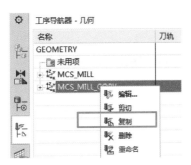

图 8-71 选择【复制】命令

图 8-72 复制出的坐标系

第 2 步：双击复制出来的【MCS_MILL_COPY_1】坐标系，弹出【MCS 铣削】对话框，如图 8-73 所示，单击对话框内【机床坐标系】选项组中的按钮，弹出【CSYS】对话框，如图 8-74 所示。在【类型】列表框中选择【自动判断】选项。

图 8-73 【MCS 铣削】对话框

图 8-74 【CSYS】对话框

第 3 步：单击图 8-75 所示红框中的面作为软件自动判断坐标系的平面，软件将会自动计算平面的中心作为坐标点。需要特别注意的是，毛坯的长边作为 X 轴，短边作为 Y 轴，并且工序三的坐标系的 X 轴正方向要与工序二的坐标系的 X 轴正方向同向。

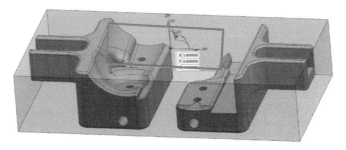

图 8-75 工序三的加工坐标系

工序三的加工坐标系设置完成的效果如图 8-76 所示。

6. 修改粗精加工的余量

第 1 步：如图 8-77 所示，单击上边框条中的【加工方法视图】按钮，切换导航器至

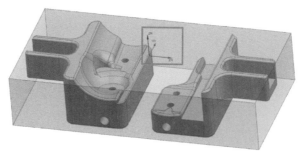

图 8-76　工序三的加工坐标系设置完成

【工序导航器-加工方法】。

图 8-77　单击【加工方法视图】按钮

　　第 2 步：如图 8-78 所示，双击【工序导航器-加工方法】导航器中的【MILL_ROUGH】选项，如图 8-79 所示，在弹出的【铣削粗加工】对话框中将【余量】选项组中的【部件余量】修改为 0.2mm，其余参数保持不变。

　　第 3 步：双击【工序导航器-加工方法】导航器中的【MILL_FINISH】选项，如图 8-80 所示，在弹出的【铣削精加工】对话框中将【公差】选项组中的【内公差】【外公差】修改为 0.01mm，其余参数保持不变。

图 8-78　【工序导航器-
加工方法】导航器

图 8-79　【铣削粗加工】对话框

图 8-80　【铣削精加工】对话框

任务8.4　工序一的数控编程

　　工序一主要针对设计手指 1 和设计手指 2 侧面的吹气孔和进气孔进行钻孔加工，特征加工完成效果如图 8-81 所示。

第 1 步：如图 8-82 所示，右击
【工序导航器-几何】导航器中的
【WORKPIECE】选项（WORKPIECE 即
为工序一的几何体，对应的 MCS_MILL
即为工序一的加工坐标系），在弹出的
快捷菜单中选择【插入】→【工序】
命令。

第 2 步：如图 8-83 所示，在【创
建工序】对话框的【类型】列表框中
选择【drill】选项，单击【工序子类
型】选项组中的【啄钻】按钮。

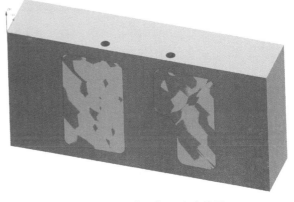

图 8-81　工序一加工完成效果

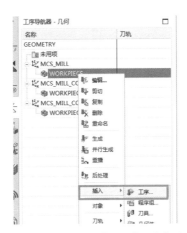

图 8-82　选择【插入】→【工序】命令

图 8-83　【创建工序】对话框

如图 8-84 所示，在【位置】选项组中依次设定【程序】为 PROGRAM、【刀具】为
T5Z4.2、【几何体】为 WROKPIECE、【方法】为 MILL_FINISH。单击【创建工序】对话框
中的【确定】按钮，即可在【啄钻-[PECK-DRILLING]】对话框中设定该工序的工艺参数。

在【位置】选项组中各参数的含义如下：

【程序】　用于选择该加工程序的分组。

【刀具】　用于定义该工序加工所需的切削刀具。

【几何体】　用于定义该工序加工的几何体，被选定的几何体包含待加工区域、已加工
区域、加工余量等信息。

【方法】　用于选择某一些工序公共的加工参数。

第 3 步：在该工步的工艺参数中，需要设定参数的有【指定孔】【指定平面】【循环】【进
给率和速度】等。如图 8-85 所示，在【啄钻-[PECK-DRILLING]】对话框中单击【指定孔】
按钮，如图 8-86 所示，在弹出的【点到点几何体】对话框中，单击【选择】按钮。

a) 选择【drill】选项

b) 单击【啄钻】按钮

c) 设置【位置】选项组中的参数

图 8-84　创建工序一

图 8-85　【啄钻-[PECK-DRILLING]】对话框

图 8-86　【点到点几何体】对话框

在图 8-87 所示圆框中选择孔的上边线，单击对话框中的【确定】按钮，如图 8-88 所示，在【点到点几何体】对话框中单击【确定】按钮，如图 8-89 所示，完成指定孔的设置。

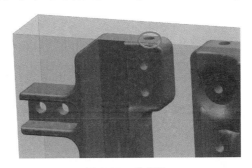

图 8-87　选择孔

对象设置完成后，【啄钻-[PECK-DRILLING]】对话框如图 8-90 所示。

图 8-88　对话框　　　　图 8-89　【点到点几何体】对话框　　　　图 8-90　对象设置完成

第 4 步：在【啄钻-[PECK-DRILLING]】对话框中单击【指定顶面】按钮 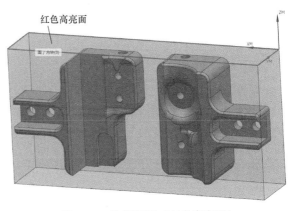，如图 8-91 所示，在弹出的【顶部曲面】对话框中，设置【顶面选项】为面。如图 8-92 所示，在图形窗口中，选择红色高亮面作为顶面。

图 8-91　【顶部曲面】对话框

图 8-92　选择顶面（红色高亮面）

如图 8-93 所示，单击【顶部曲面】对话框中的【确定】按钮，指定顶面完成。完成后，【啄钻-[PECK-DRILLING]】对话框如图 8-94 所示。

图 8-93　【顶部曲面】对话框

图 8-94　完成顶面和孔的指定

第 5 步：如图 8-95 所示，在【啄钻-[PECK-DRILL-ING]】对话框中单击【循环类型】选项组中的【循环】按钮，在弹出的【指定参数组】对话框中单击【确定】按钮，开始设置循环参数组。

图 8-95　设置循环参数组

如图 8-96 所示，在【Cycle 参数】对话框中，单击第一项【Depth-模型深度】按钮，在【Cycle 深度】对话框中单击【模型深度】按钮，再单击【确定】按钮后，软件将会自动返回【Cycle 参数】对话框。

a) 单击【Depth-模型深度】按钮

b) 单击【模型深度】

图 8-96　【Cycle 参数】和【Cycle 深度】对话框

如图 8-97 所示，在【Cycle 参数】对话框中，单击第二项【进给率（MMPM）-250.0000】按钮，在【Cycle 进给率】对话框中【MMPM】文本框中输入 100，单击【确定】按钮后，软件将会自动返回【Cycle 参数】对话框。

如图 8-98 所示，在【Cycle 参数】对话框中，单击最后一项【Step 值-未定义】按钮，在弹出的对话框中第一项【Step #1】文本框中输入 4，再单击【确定】按钮后，软件将会自动返回【Cycle 参数】对话框。

a) 设置进给率

b)【Cycle 进给率】对话框

图 8-97　设置【Cycle 参数】对话框中的进给率

a) 单击【Step值-未定义】按钮

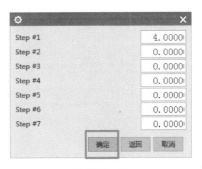

b) 设置Step值

图 8-98　设置【Cycle 参数】对话框中的 Step 值

如图 8-99 所示，在【Cycle 参数】对话框中，单击【确定】按钮，完成循环参数的设置。

第 6 步：在【啄钻-[PECK-DRILLING]】对话框中，单击【刀路设置】选项组中的【进给率和速度】按钮，如图 8-100 所示，在弹出的【进给率和速度】对话框中的【主轴速度（rpm）】文本框中输入 600。按<Enter>键，接着单击【主轴速度（rpm）】选项文本框旁的按钮，计算基于输入的主轴速度的进给率和速度。确认无误后，单击【确定】按钮，完成进给率和速度的设置。

图 8-99　单击【Cycle 参数】对话框中的【确定】按钮

第 7 步：如图 8-101 所示，单击【啄钻-[PECK-DRILLING]】对话框中【操作】选项组中的【生成】按钮，生成刀路。

生成的刀路在图形窗口显示如图 8-102 所示。生成的刀路在【工序导航器-几何】导航器中显示，如图 8-103 所示。

图 8-100 【进给率和速度】对话框

图 8-101 单击【生成】按钮

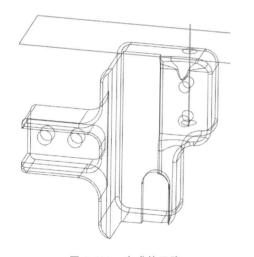

图 8-102 生成的刀路

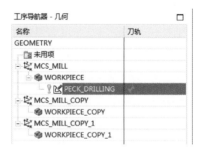

图 8-103 【工序导航器-几何】导航器

第 8 步：上述步骤已经为设计手指 2 的进气孔进行了编程，下面将对设计手指 1 的进气孔进行编程。如图 8-104 所示，首先对设计手指 2 的进气孔钻孔程序进行复制。

双击刚刚复制出来的【PECK_DRILLING_COPY】程序，打开【啄钻-[PECK_DRILLING_COPY]】对话框，单击【指定孔】按钮 。在弹出的【点到点几何体】对话框中，单击【选择】按钮，如图 8-105 所示，弹出图 8-106 所示对话框，单击【是】按钮。

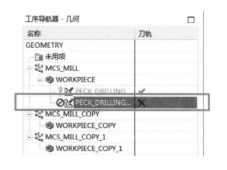

图 8-104 复制工序

图 8-105 单击【点到几何体】对话框
中的【选择】按钮

图 8-106 确认选择的几何体

在图形窗口选择图 8-107 所示圆框中孔的上边线，完成选择后，如图 8-108 所示，单击对话框中的【确定】按钮，在【点到点几何体】对话框中单击【确定】按钮，如图 8-109 所示，完成指定孔。

图 8-107 选择孔的上边线

设置完成后，【啄钻-[PECK_DRILLING_COPY]】对话框如图 8-110 所示。

图 8-108 确定选择

图 8-109 单击【确定】按钮

图 8-110 【啄钻-[PECK_DRILLING_COPY]】对话框

第9步：单击【啄钻-[PECK_DRILLING_COPY]】对话框中【操作】选项组中的【生成】按钮 ，生成刀路。

生成设计手指1的刀路，在图形窗口显示如图8-111所示。【工序导航器-几何】导航器中的显示，如图8-112所示。

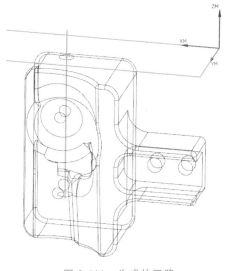

图8-111　生成的刀路

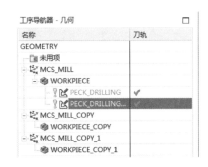

图8-112　【工序导航器-几何】导航器

任务8.5　工序二的数控编程与仿真

工序二主要针对设计手指1和设计手指2反面的特征依次进行粗铣、精铣等工步的加工，特征加工完成的效果如图8-113所示。

图8-113　工序二加工完成的效果

8.5.1　工步一——面铣

工步一的主要加工内容是对设计手指1和设计手指2的反面特征的顶面进行面铣。该工步的加工仿真效果如图8-114所示。

第1步：如图8-115所示，在【工序导航器-几何】导航器中，右击【WORKPIECE_COPY】选项（WORKPIECE_COPY即为工序二的几何体，对应的MCS_MILL_COPY即为工序二的加工坐标系），在弹出的快捷菜单中选择【插入】→【工序】命令，弹出【创建工序】

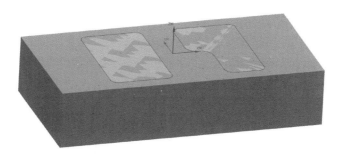

图 8-114　工序二工步一的加工仿真效果

对话框，如图 8-116 所示。

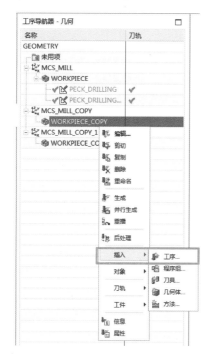

图 8-115　选择【插入】→【工序】命令

图 8-116　【创建工序】对话框

　　如图 8-117 所示，在【创建工序】对话框的【类型】列表框中选择【mill_planar】选择，单击【工序子类型】选项组中的【使用边界面铣削】按钮。在【位置】选项组中依次设置【程序】为 PROGRAM、【刀具】为 T1D10、【几何体】为 WROKPIECE_COPY、【方法】为 MILL_FINISH。单击【创建工序】对话框中的【确定】按钮，即可在【面铣-[FACE_MILLING]】对话框中设置该工序的工艺参数。

　　第 2 步：在该工步的工艺参数中，需要修改【几何体】选项组中的【指定面边界】选项、【刀轨设置】选项组中的【切削模式】【非切削移动】【进给率和速度】选项。

　　如图 8-118 所示，在【面铣-[FACE_MILLING]】对话框中单击【指定面边界】按钮，弹出【毛坯边界】对话框，如图 8-119 所示。

a) 单击【使用边界面铣削】按钮

b) 设置【位置】选项组中的参数

图 8-117　添加工序二工步一的程序

图 8-118　【面铣-[FACE_MILLING]】
对话框

图 8-119　【毛坯边界】对话框

在【毛坯边界】对话框中设置【选择方法】为面，选择图 8-120 所示的红色高亮面，单击【毛坯边界】对话框中的【确定】按钮，如图 8-121 所示，完成指定面边界。

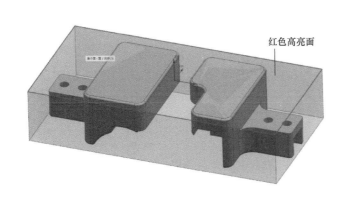

红色高亮面

图 8-120　选择红色高亮面

图 8-121　【毛坯边界】对话框

设置完成后，【面铣-[FACE_MILLING]】对话框如图 8-122 所示。

第 3 步：将【面铣-[FACE_MILLING]】对话框中的【刀轨设置】选项组中的【切削模式】修改为往复，如图 8-123 所示。

图 8-122　完成指定面边界

图 8-123　设置【切削模式】为往复

第 4 步：在【面铣-[FACE_MILLING]】对话框中单击【刀轨设置】选项组中的【进给率和速度】按钮 。如图 8-124 所示，在弹出的【进给率和速度】对话框的【主轴速度】选项组中的【主轴速度（rpm）】文本框内输入 7000，在【进给率】选项组中的【切削】文本框内输入 1650。单击【主轴速度（rpm）】文本框旁的按钮 ，计算基于输入的主轴速度的进给率和速度。

单击【面铣-[FACE_MILLING]】对话框的【操作】选项组中的【生成】按钮 ，生成的刀路如图 8-125 所示。

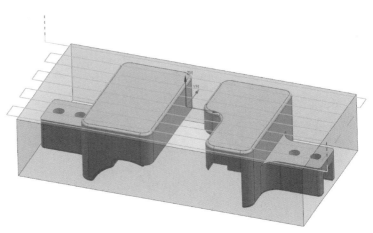

图 8-124　工序二工步一
　　　的进给率和速度

图 8-125　生成的刀路

　　观察上述刀路发现，刀路的进刀点在左上角，不利于观察进刀位是否正确，因此需调整进刀点位置。在【面铣-[FACE_MILLING]】对话框中单击【刀路设置】选项组中的【非切削移动】按钮，打开【非切削移动】对话框，选择【起点/钻点】选项卡，如图 8-126所示，单击【选择点】选项组下的【指定点】按钮，选择图 8-127 中方框所示的起点。

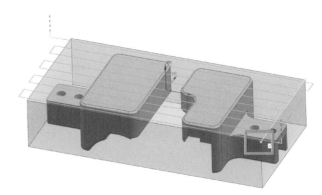

图 8-126　【非切削移动】对话框

图 8-127　指定的起点（红框）

　　指定起点后的效果如图 8-128 所示。

　　选择完成后，单击【非切削移动】对话框中的【确定】按钮，单击【面铣-[FACE_MILLING]】对话框的【操作】选项组中的【生成】按钮，生成的刀路如图 8-129 所示。

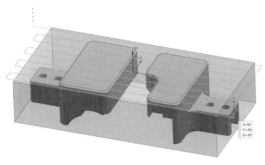

图 8-128 指定起点后的效果

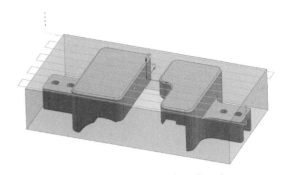

图 8-129 工序二工步一的刀路

确认生成的刀路无误后，单击图 8-130 所示【面铣-[FACE_MILLING]】对话框中的【确定】按钮，完成该工步的编程。在【工序导航器-几何】导航器加工程序的显示如图 8-131 所示。

图 8-130 单击【确定】按钮生成刀路

图 8-131 工序二工步一加工程序

8.5.2 工步二——粗加工

工步二的主要加工内容是对设计手指 1 和设计手指 2 的反面特征进行粗加工。该工步的加工仿真效果如图 8-132 所示。

第 1 步：如图 8-133a 所示，在【工序导航器-几何】导航器中，右击【WORKPIECE_COPY】选项（WORKPIECE_COPY 即为工序二的几何体，对应的 MCS_MILL_COPY 即为工序二的加工坐标系），在弹出的快捷菜单中选择【插入】→【工序】命令，弹出【创建工序】

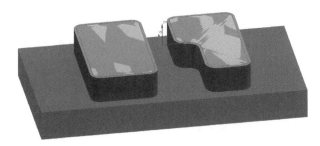

图 8-132　工序二工步二加工仿真效果

对话框如图 8-133b 所示。

在图 8-133c 所示的【创建工序】对话框的【类型】列表框中选择【mill_contour】选项，单击【工序子类型】选项组中的【型腔铣】按钮 。

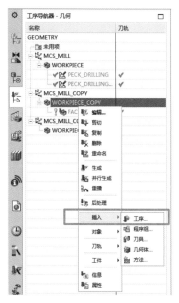

a）选择【插入】→【工序】命令　　　　　b）【创建工序】对话框　　　　　c）选择工序类型

图 8-133　创建工步二加工程序

如图 8-134 所示，在【位置】选项组中依次设置【程序】为 PROGRAM、【刀具】为 T1D10、【几何体】为 WROKPIECE_COPY、【方法】为 MILL_ROUGH。单击【创建工序】对话框中的【确定】按钮，即可在【型腔铣-[CAVITY_MILL]】对话框中设定该工序的工艺参数，如图 8-135 所示。

第 2 步：在该工步的工艺参数中，设计手指 1 和设计手指 2 的切削区域是通过切削层进行控制的。因此，该工步中需要更改的工艺参数有【切削层】【切削模式】、切削参数中的【刀路方向】【主轴速度】【进给率】。【步距】可根据实际需求进行更改。

在【型腔铣-[CAVITY_MILL]】对话框中单击【切削层】按钮，弹出【切削层】对话框，如图 8-136 所示。单击【切削层】对话框的【范围定义】选项组中的【列表】按钮，展开范围定义的列表。单击图 8-137 所示方框中的【移除】按钮 ✖。

图 8-134　修改【位置】选项组中的参数

图 8-135　【型腔铣-［CAVITY_MILL］】对话框

图 8-136　【切削层】对话框

图 8-137　单击【移除】按钮

　　然后直接在图形窗口中选择图 8-138 所示的黄色高亮面作为切削的底面。设置【每刀切削深度】为默认值，即【每刀切削深度】为 6（为了尽可能压缩加工时间，且因加工材料为铝，故可适当增加切削深度）。

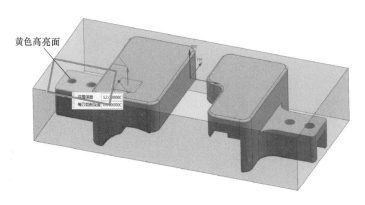

图 8-138　指定切削底面

　　完成后，单击【切削层】对话框中的【确定】按钮，完成该项参数的设置。

　　第 3 步：将【型腔铣-［CAVITY_MILL］】对话框中的【刀轨设置】选项组中的【切削模式】修改为跟随周边，【步距】修改为刀具平直百分比，数值为 50，修改完成的效果如图 8-139 所示。

　　第 4 步：在【型腔铣-［CAVITY_MILL］】对话框中单击【刀轨设置】选项组中的【切削参数】按钮 🔲，打开图 8-140 所示【切削参数】对话框。

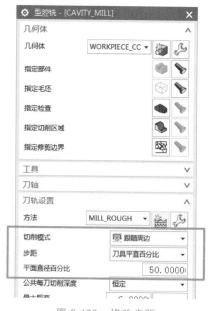

图 8-139　修改步距

图 8-140　【切削参数】对话框

　　由于切削的特征是工件的外轮廓，所以需要将【切削】选项组中的【刀路方向】修改为向内，单击【确定】按钮，如图 8-141 所示，完成该参数的设置。

第5步：在【型腔铣-[CAVITY_MILL]】对话框中单击【刀轨设置】选项组中的【进给率和速度】按钮，打开【进给率和速度】对话框。如图 8-142 所示，在弹出的【进给率和速度】对话框中的【主轴速度（rpm）】文本框中输入 7000，在【切削】文本框中输入2500。单击【主轴速度（rpm）】文本框旁的按钮，计算基于输入的主轴速度的进给参数，单击【确定】按钮，完成该参数的设置。

图 8-141　修改【刀路方向】

图 8-142　【进给率和速度】对话框

第6步：单击【型腔铣-[CAVITY_MILL]】对话框的【操作】选项组中的【生成】按钮，生成的刀路如图 8-143 所示。

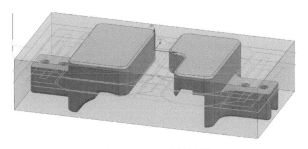

图 8-143　生成的刀路

如图 8-144 所示，确认生成的刀路无误后，单击【型腔铣-[CAVITY_MILL]】对话框中的【确定】按钮，完成该工步的编程。显示在【工序导航器-几何】导航器，如图 8-145 所示。

8.5.3　工步三——左右平面精加工

工步三的主要加工内容是对设计手指 1 和设计手指 2 的装配部位的反面进行精加工。该工步的加工仿真效果如图 8-146 所示。

图 8-144 【操作】选项组

图 8-145 【工序导航器-几何】导航器

图 8-146 工序二工步三的加工仿真效果

第 1 步：如图 8-147a 所示，在【工序导航器-几何】中，右击【WORKPIECE_COPY】选项（WORKPIECE_COPY 即为工序二的几何体，对应的 MCS_MILL_COPY 即为工序二的加工坐标系），在弹出的快捷菜单中选择【插入】→【工序】命令。弹出的【创建工序】对话

a)选择【插入】→【工序】命令　　b)修改位置分组中的参数　　c)【底壁加工－[FLOOR_WALL]】对话框

图 8-147 创建工步三的加工程序

框后，在【类型】列表框中选择【mill_planar】选项，单击【工序子类型】选项组中的【底壁加工】按钮，并在【位置】选项组中依次设置【程序】为 PROGRAM、【刀具】为T1D10、【几何体】为 WROKPIECE_COPY、【方法】为 MILL_FINISH，如图 8-147b 所示。单击【创建工序】对话框（图 8-147c）中的【确定】按钮，即可在【底壁加工-[FLOOR_WALL]】对话框中设置该工序的工艺参数。

第 2 步：在该工步的工艺参数中，设计手指 1 和设计手指 2 的切削区域是通过指定切削区域的底面来确定的。因此，需要更改的工艺参数有【指定切削区底面】【切削模式】【壁余量】【退刀类型】【主轴速度】【进给率】。【步距】可根据实际需求进行更改。在图 8-148所示【底壁加工-[FLOOR_WALL]】对话框中单击【几何体】选项组中的【指定切削区底面】按钮，弹出【切削区域】对话框如图 8-149 所示。

图 8-148　单击【指定切削区底面】按钮

图 8-149　【切削区域】对话框

在图形窗口选择图 8-150 所示左侧设计手指中的黄色高亮面作为切削区域。

选择后的【切削区域】对话框如图8-151 所示，单击【添加新集】按钮，完成后的【切削区域】对话框如图8-152 所示。

在图形区域选择图 8-153 所示右侧设计手指的黄色高亮面作为切削区域。

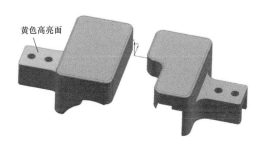

图 8-150　选择左侧设计手指的切削区域

图 8-151　单击【添加新集】按钮

图 8-152　【切削区域】对话框

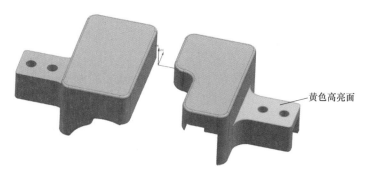

黄色高亮面

图 8-153　选择右侧手指的切削区域

如图 8-154 所示，完成切削区域的选择后，单击【切削区域】对话框中的【确定】按钮，完成【指定切削区底面】参数的确定。

完成【指定切削区底面】参数的确定后可以单击【指定切削区底面】按钮　旁边的【显示】按钮　，即可查看指定的切削区，如图 8-155 所示。

图 8-154　【切削区域】对话框

图 8-155　单击【显示】按钮

单击【显示】按钮　，查看选择切削区域的效果如图 8-156 所示。

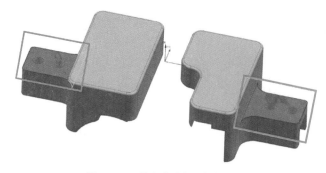

图 8-156　选择切削区域的效果

第 3 步：将【底壁加工-［FLOOR_WALL］】对话框的【刀轨设置】选项组中的【切削模式】修改为往复，修改完成的效果如图 8-157a 所示。

第 4 步：在【底壁加工-［FLOOR_WALL］】对话框中单击【刀轨设置】选项组中的【切削参数】按钮　，打开【切削参数】对话框，如图 8-157b 所示。

由于本工步是针对选择的底面进行切削加工，底面和壁是不可以同时加工的，所以需要选择【切削参数】对话框中的【余量】选项卡，将【壁余量】修改为介于0至粗加工余量之间，根据本任务中设置的粗加工余量，设置该值为0.1mm。修改完成后单击【切削参数】对话框中的【确定】按钮完成该参数的修改，如图8-157c所示。

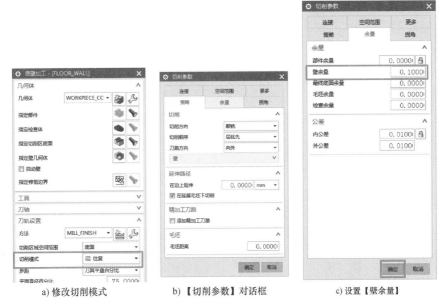

a) 修改切削模式　　　　b)【切削参数】对话框　　　　c) 设置【壁余量】

图8-157　设置工步三的切削参数

第5步：如图8-158所示，在【底壁加工-[FLOOR_WALL]】对话框中单击【刀轨设置】选项组中的【非切削移动】按钮。如图8-159所示，打开【非切削移动】对话框，

图8-158　单击【非切削移动】按钮

图8-159　修改【退刀类型】

选择【退刀】选项卡，将【退刀】选项组中的【退刀类型】
修改为抬刀，修改完成后单击【非切削移动】对话框中的
【确定】按钮完成该参数的修改。

　　第6步：在【底壁加工-[FLOOR_WALL]】对话框中单击
【刀轨设置】选项组中的【进给率和速度】按钮 ，打开
【进给率和速度】对话框。在【主轴速度（rpm）】文本框中
输入7000，在【切削】文本框中输入1650。单击【主轴速度
（rpm）】文本框旁的按钮 ，计算基于输入的主轴速度的进
给参数。完成后，单击【进给率和速度】对话框中的【确
定】按钮，完成相关参数的设置，如图8-160所示。

图 8-160　设置工序三的进
给率和速度

　　第7步：单击【底壁加工-[FLOOR_WALL]】对话框的
【操作】选项组中的【生成】按钮 ，生成的刀路如图8-161
所示。

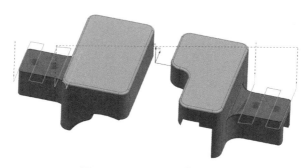

图 8-161　工序二工步三刀路

确认刀路无误后，单击【底壁加工-[FLOOR_WALL]】对话框中的【确定】按钮，完
成该工步的编程。

8.5.4　工步四——外轮廓精加工

　　工步四的主要加工内容是对设计手指1和设计手指2的反面特征外轮廓进行精加工。该
工步的加工仿真效果如图8-162所示。

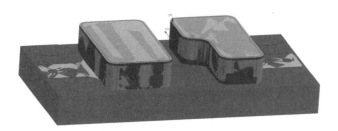

图 8-162　工序二工步四的加工仿真效果

　　第1步：如图8-163所示，在【工序导航器-几何】中，右击【WORKPIECE_COPY】选
项，在弹出的快捷菜单中选择【插入】→【工序】命令。如图8-164所示，弹出【创建工序】

对话框，在【类型】列表框中选择【mill_planar】选项，单击【工序子类型】选项组中的【平面轮廓铣】按钮 。在【位置】选项组中依次设置【程序】为 PROGRAM、【刀具】为 T1D10、【几何体】为 WROKPIECE_COPY、【方法】为 MILL_FINISH，如图 8-165 所示。单击【创建工序】对话框中的【确定】按钮，即可在【平面轮廓铣-[PLANAR_PROFILE]】对话框中设置该工序的工艺参数，如图 8-165 所示。

图 8-163 单击【工序】按钮

图 8-164 修改【位置】
选项组中的参数

图 8-165 设置工艺参数

第 2 步：在该工步的工艺参数中，设计手指 1 和设计手指 2 的切削区域是通过指定部件边界和指定底面来确定的，因此需要更改的工艺参数有【指定部件边界】【指定底面】【切削模式】【切削参数】【非切削移动】【进给率和速度】。

如图 8-166 所示，在【平面轮廓铣-[PLANAR_PROFILE]】对话框中单击【几何体】选项组中的【指定部件边界】按钮 ，弹出【边界几何体】对话框如图 8-167 所示，在【模式】列表框中选择【曲线/边】选项。选择完成后将返回【创建边界】对话框，如图 8-168 所示，设置【材料侧】为内部。

如图 8-169 所示，将上边工具条的【曲线规则】设置为相切曲线。

如图 8-170 所示，在图形窗口选择左侧设计手指的方框所示圆角底部的棱线。选择完成后，单击【创建边界】对话框中的【创建下一边界】按钮，继续添加下一设计手指的边界，如图 8-171 所示。

图 8-166 单击【指定部件
边界】按钮

图 8-167 【边界几何体】对话框

图 8-168 【创建边界】对话框

图 8-169 选择【相切曲线】选项

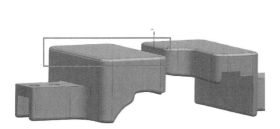

图 8-170 左侧设计手指的边界

图 8-171 单击【创建下一边界】按钮

由于添加上一边界时已经设定过了
【曲线规则】，因此可直接选择图 8-172
所示的右侧设计手指方框所示的圆角底
部的棱线，该边界的参数与上一边界的
参数相同。选择完成后，单击【创建
边界】对话框中的【确定】按钮，接
着单击【边界几何体】对话框中的

图 8-172 右侧设计手指的边界

【确定】按钮，完成曲线边界的创建，如图 8-173 所示。

第 3 步：在【平面轮廓铣-[PLANAR_PROFILE]】对话框中单击【几何体】选项组中的
【指定底面】按钮 ，会弹出图 8-174 的【刨】对话框。

选择图 8-175 所示的左侧设计手指方框所示平面作为底面。由于左右侧设计手指的底面
处于同一平面，因此同样也可选择右侧手指装配位的底面。

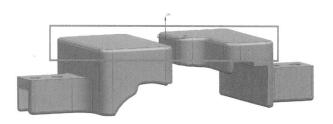

图 8-173 曲线边界

图 8-174 【刨】对话框

图 8-175 工序二工步四的底面

选择完成后，单击【刨】对话框内的【确定】按钮，完成底面的创建。

第 4 步：如图 8-176 所示，在【平面轮廓铣-[PLANAR_PROFILE]】对话框中单击【刀轨设置】选项组中的【切削参数】按钮 ，打开【切削参数】对话框。

选择【切削参数】对话框中的【余量】选项卡，将【最终底面余量】修改为 0.01，【最终底面余量】修改为 0.01，其目的是为了防止加工侧面时切削到已加工的底面。

第 5 步：在【平面轮廓铣-[PLANAR_PROFILE]】对话框中单击【刀轨设置】选项组中的【非切削移动】按钮 。

如图 8-176 所示，打开【非切削移动】对话框，选择【进刀】选项卡，如图 8-177 所示，将【开放区域】选项组中的【进刀类型】修改为圆弧，【圆弧角度】修改为 30，勾选【在圆弧中心处开始】复选框。修改完成后单击【非切削移动】对话框中的【确定】按钮完成该参数的修改。

第 6 步：在【平面轮廓铣-[PLANAR_PROFILE]】对话框中单击【刀轨设置】选项组中的【进给率和速度】按钮 ，打开【进给率和速度】对话框，如图 8-178 所示。

在【主轴速度（rpm）】文本框中输入 7000，在【切削】文本框中输入 1650。单击【主轴速度（rpm）】文本框旁的按钮 ，计算基于输入的主轴速度的进给参数。完成后，单击【进给率和速度】对话框中的【确定】按钮，完成相关参数的设定。

第 7 步：完成该工步的工艺参数设定后，单击【平面轮廓铣-[PLANAR_PROFILE]】对话框中的【生成】按钮 ，生成的刀路如图 8-179 所示。

确认刀路无误后，单击【平面轮廓铣-[PLANAR_PROFILE]】对话框中的【确定】按钮，完成该工步的编程。

图 8-176 【切削参数】对话框

图 8-177 【非切削移动】对话框

图 8-178 【进给率和速度】对话框

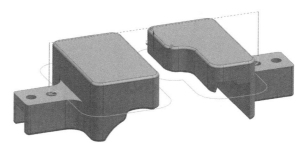

图 8-179 工序二工步四的刀路

8.5.5 工步五——对刀位加工

工步五的主要加工内容是加工反面的对刀位。由于编程时设定的毛坯与实际加工的毛坯尺寸非常接近，所以编程时可以利用控制加工余量，完整加工对刀位。该工步的加工仿真效果如图 8-180 所示。

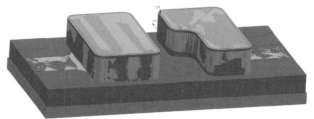

图 8-180 工序二工步五加工效果

第1步：将工步四的程序复制一份，如图 8-181 所示。工步五的程序需要修改的工艺参数有【指定部件边界】【指定底面】【区域起点】。

第2步：双击【工序导航器-几何】导航器下前一步复制出的【PLANAR _ PROFILE _ COPY】程序，如图 8-182 所示，打开【平面轮廓铣-[PLANAR_PROFILE_COPY]】对话框，修改【指定部件边界】参数。单击【指定部件边界】按钮，在弹出的【编辑边界】对话框中，单击【全部重选】按钮；如图 8-183 所示，单击【全部重选】对话框中的【确定】按钮，清除原有的信息，将会弹出【边界几何体】对话框，确认【边界几何体】对话框中的【模式】为面，如图 8-184 所示。

图 8-181 复制的前一工步的程序

图 8-182 单击【全部重选】按钮

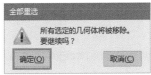

图 8-183 【全部重选】对话框

图 8-184 【边界几何体】对话框

选择图 8-185 方框所示的平面作为边界几何体，依次单击【边界几何体】对话框中的【确定】按钮和【编辑边界】对话框中的【确定】按钮，完成【指定部件边界】参数，并返回【平面轮廓铣-[PLANAR_PROFILE_COPY]】对话框。

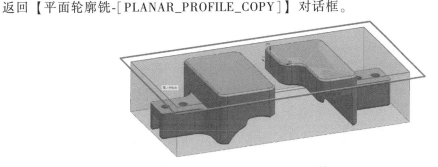

图 8-185 边界几何体

第3步：单击【平面轮廓铣-[PLANAR_PROFILE_COPY]】对话框中的【指定底面】按钮，弹出【刨】对话框，如图 8-186 所示。

单击图形窗口中图 8-187 方框所示的箭头按钮【▲】，设置旁边的【距离】参数为−8。单击【刨】对话框中的【确定】按钮。将底面向下偏置 8mm 的原因是为了加工出一个足够大的用于翻面装夹的对刀平面。一般情况下对刀所用的平面应在 5mm 以上，且这个平面越大越好。

图 8-186 【刨】对话框

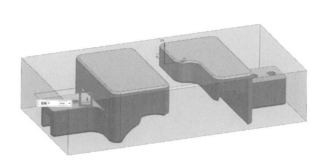

图 8-187 设置距离值

第 4 步：在【平面轮廓铣-［PLANAR_PROFILE_COP-Y］】对话框中单击【刀轨设置】选项组中的【切削参数】按钮，打开【切削参数】对话框。

如图 8-188 所示，选择【切削参数】对话框中的【余量】选项卡，将【余量】选项卡下的【部件余量】修改为−0.5，其余参数保持不变。单击【切削参数】对话框中的【确定】按钮，完成【切削参数】的设置。

第 5 步：单击【平面轮廓铣-［PLANAR_PROFILE］】对话框中的【生成】按钮，生成的刀路如图 8-189 所示。该程序如果不调整进刀位时，程序默认的进刀位在工件后面，操作者站在机床前无法观察到加工时的进刀情况，因此需要通过修改【非切削移动】选项组中的【区域起点】参数，使刀具在操作者容易观察的位置进刀。

图 8-188 修改部件余量

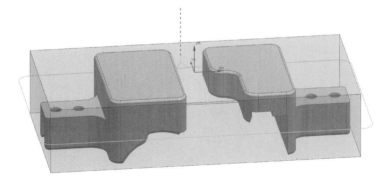

图 8-189 工序二工步五生成的刀路

在【平面轮廓铣-［PLANAR_PROFILE_COPY］】对话框中单击【刀轨设置】选项组中

的【非切削移动】按钮[图]。打开【非切削移动】对话框，选择【起点/钻点】选项卡，单击【区域起点】选项组中的【指定点】按钮，单击图 8-190 中方框所示的毛坯边的中点。选择完成后，单击【非切削移动】对话框中的【确定】按钮，完成【区域起点】参数的设置。

需要注意的是，进刀点选择工件前面、工件左侧、工件右侧均可。

第 6 步：单击【平面轮廓铣-[PLANAR_PROFILE_COPY]】对话框中的【生成】按钮[图]，生成的刀路如图 8-191 所示。

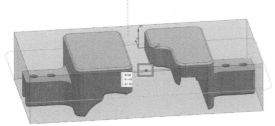

图 8-190 【区域起点】参数的设置　　　　　　图 8-191 修改过后的刀路

确认刀路无误后，单击【平面轮廓铣-[PLANAR_PROFILE_COPY]】对话框中的【确定】按钮，完成该工步的编程。

该工步的加工程序在【工序导航器-几何】导航器中的显示，如图 8-192 所示。

8.5.6 工步六——装配孔钻孔

工步六的主要加工内容是在左、右两侧的装配位钻孔。由于装配孔的深度不大，故可单击【钻孔】[图]、【啄钻】[图]、【断屑钻】[图]等进行编程。这里单击【钻孔】[图]进行装配孔钻孔的编程操作。该工步的加工仿真效果如图 8-193 所示。

图 8-192 重新生成的程序

第 1 步：在【工序导航器-几何】导航器中，右击【WORKPIECE_COPY】选项（WORKPIECE_COPY 即为工序二的几何体，对应的 MCS_MILL_COPY 即为工序二的加工坐标系），在弹出的快捷菜单中选择【插入】→【工序】命令，如图 8-194 所示。

第 2 步：如图 8-195 所示，弹出【创建工序】对话框，在【类型】列表框中选择【drill】选项，单击【工序子类型】选项组中的【钻孔】按钮[图]。在【位置】选项组中依次设置【程序】为 PROGRAM、【刀具】为 T5Z4.2、【几何体】为 WROKPIECE_COPY、【方法】为 DRLL_METHOD，如图 8-195 所示。单击【创建工序】对话框中的【确定】按钮，即可在【钻孔-[DRILLING]】对话框中设置该工序的工艺参数。

第 3 步：在该工步的工艺参数中，需要设定参数的有【指定孔】【指定顶面】【指定底面】【循环】【切削参数】。如图 8-196 所示，在【钻孔-[DRILLING]】对话框中单击【指定孔】按钮 ，在弹出的【点到点几何体】对话框中单击【选择】按钮。

图 8-193　工序二工步六的仿真效果

图 8-194　选择【插入】→【工序】命令

图 8-195　单击【钻孔】按钮

图 8-196　单击【选择】按钮

选择图 8-197 方框所示的孔的上边线，接着单击如图 8-198 所示，对话框中的【确定】按钮，如图 8-199 所示，在【点到点几何体】对话框中单击【确定】按钮，完成指定孔。完成后，对话框如图 8-200 所示。

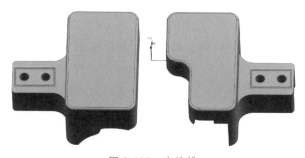

图 8-197　上边线

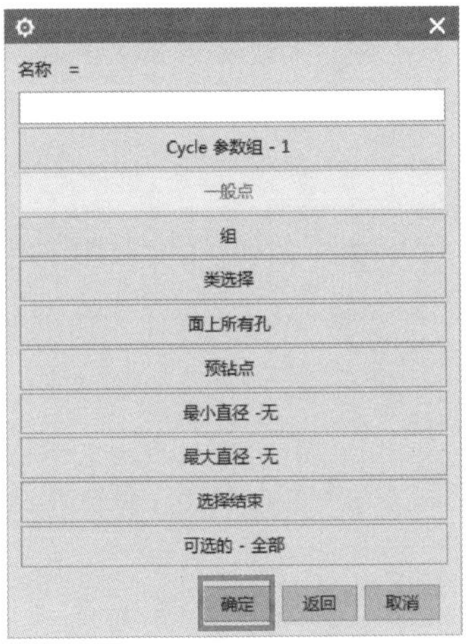

图 8-198　对话框

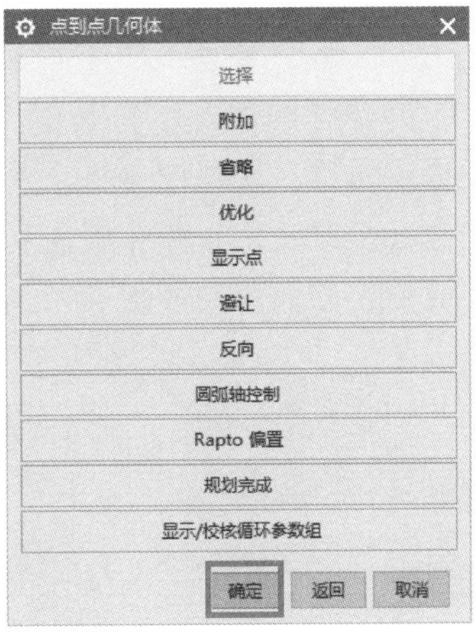

图 8-199　【点到点几何体】对话框

第 4 步：在【钻孔-[DRILLING]】对话框中单击【指定孔】按钮，如图 8-201 所示，在弹出的【顶面】对话框中，设置【顶面选项】为面。

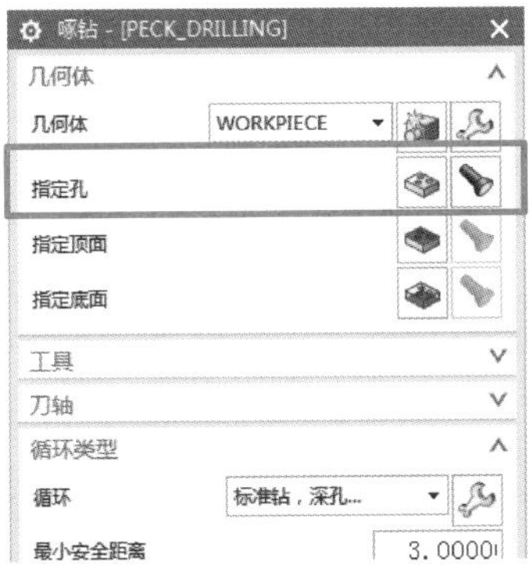

图 8-200　【钻孔-[DRILLING]】对话框

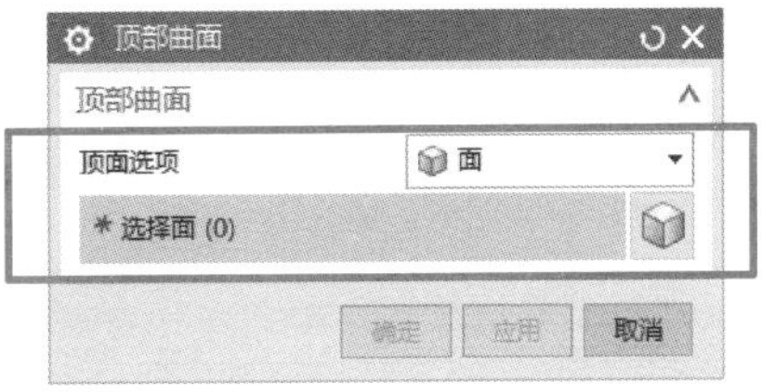

图 8-201　设置【顶面选项】为面

在图形窗口中，选择图 8-202 方框所示平面作为顶面。单击【顶面】对话框中的【确定】按钮，完成指定顶面。完成后，对话框如图 8-203 所示。

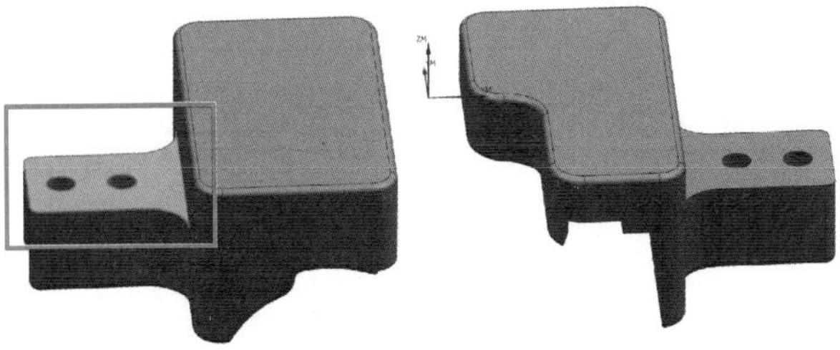

图 8-202　指定顶面

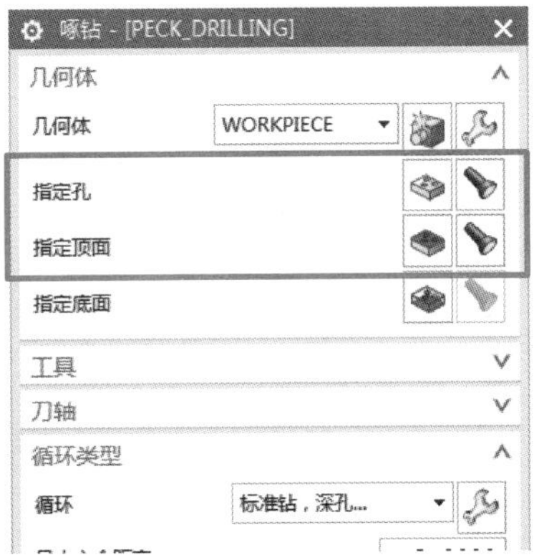

图 8-203　完成指定顶面后的【钻孔-[DRILLING]】对话框

第 5 步：在【钻孔-[DRILLING]】对话框中单击【指定孔】按钮 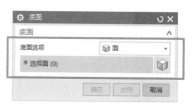，如图 8-204 所示，在弹出的【底面】对话框中，设置【底面选项】为面。

图 8-204　设置【底面选项】为面

在图形窗口中，选择图 8-205 方框所示的平面作为底面。如图 8-206 所示，单击【底面】对话框中的【确定】按钮，完成指定底面。完成后，对话框如图 8-207 所示。

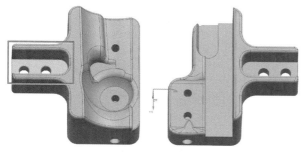

图 8-205　指定底面

图 8-206　完成指定底面

第 6 步：在【钻孔-[DRILLING]】对话框中单击【循环类型】选项组中的【循环】按钮 。如图 8-208 所示，在弹出的【指定参数组】对话框中单击【确定】按钮，开始设定循环参数组。

图 8-207　完成指定底面后的
【钻孔-[DRILLING]】对话框

图 8-208　【指定参数组】对话框

如图 8-209 所示，在【Cycle 参数】对话框中，单击【Depth-模型深度】按钮。如图 8-210 所示，在【Cycle 深度】对话框中单击【穿过底面】按钮，软件将会自动返回【Cycle 参数】对话框。

如图 8-211 所示，在【Cycle 参数】对话框中，单击【进给率（MMPM）】按钮。如图 8-212 所示，在【Cycle 进给率】对话框中的【MMPM】文本框中输入 100，单击【确定】按钮后，软件将会自动返回【Cycle 参数】对话框。

如图 8-213 所示，在【Cycle 参数】对话框中，单击【确定】按钮，完成循环参数的设置。

第 7 步：在【钻孔-[DRILLING]】对话框中，单击【刀轨设置】选项组中的【进给率和速度】按钮 ，在弹出的【进给率和速度】对话框中的【主轴速度（rpm）】文本框中

输入 600，如图 8-214 所示。按<Enter>键，单击【主轴速度（rpm）】文本框旁的按钮 ，计算基于输入的主轴速度的进给率和速度。确认无误后，单击【确定】按钮，完成进给率和速度的设置。

图 8-209　单击【Depth】按钮

图 8-210　单击【穿过底面】按钮

图 8-211　单击【进给率（MMPM）
－250.0000】按钮

图 8-212　输入进给率

图 8-213　【Cycle 参数】对话框

图 8-214　设置主轴速度（rpm）

　　第 8 步：如图 8-215 所示，单击【啄钻-［DRILLING］】对话框中的【生成】按钮 ，生成刀路。生成的刀路在图形窗口中显示，如图 8-216 所示。

　　第 9 步：从上一步生成的刀路可以看出，如果直接采用该刀路进行加工，则必定会出现撞刀的情况。为了解决该问题，可以通过修改【钻孔-[DRILLING]】对话框中的【最小安全距离】，如图 8-217 所示，使刀路与工件有一定距离，这里选用的值为 20。

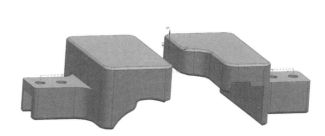

图 8-215　单击【生成】按钮

图 8-216　生成的刀路

第 10 步：如图 8-218 所示，单击【钻孔-[DRILLING]】对话框中的【生成】按钮 ，生成刀路。

图 8-217　修改【最小安全距离】

图 8-218　再次生成刀路

生成的刀路效果如图 8-219 所示。确认生成的刀路无误后，单击【平面轮廓铣-[PLANAR_PROFILE_COPY]】对话框中的【确定】按钮，完成该工步的编程。

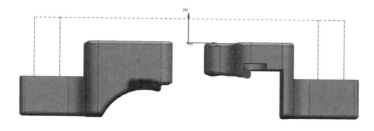

图 8-219　再次生成的刀路

8.5.7 工步七——圆角加工

工步七的主要加工内容是加工设计手指1和设计手指2底面的圆角，该圆角位虽然特征不大，但是加工过程比较费时。一般在编程时软件会将圆角位的加工程序编制出来，在实际加工时，需要根据实际的加工情况进行选择是否加工该圆角特征。该工步的加工仿真效果如图8-220所示。

第1步：如图8-221所示，在【工序导航器-几何】导航器中，右击【WORKPIECE_COPY】选项（WORKPIECE_COPY即为工序二的几何体，对应的MCS_MILL_COPY即为工序二的加工坐标系），在弹出的快捷菜单中选择【插入】→【工序】命令。

图8-220 工序二工步七的仿真效果

如图8-222所示，在弹出的【创建工序】的【类型】列表框中选择【mill_contour】选项，单击【工序子类型】选项组中的【固定轮廓铣】按钮⚓，在【位置】选项组中依次设置【程序】为PROGRAM、【刀具】为T3R4、【几何体】为WROKPIECE_COPY、【方法】为MILL_FINISH。单击【创建工序】对话框中的【确定】按钮，即可在【固定轮廓铣-[FIXED_CONTOUR]】对话框中设置该工序的工艺参数，如图8-223所示。

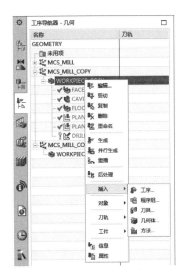

图8-221 单击【工序】按钮

图8-222 【创建工序】对话框

图8-223 【固定轮廓铣-[FIXED_CONTOUR]】对话框

第2步：在该工步的工艺参数中，设计手指1和设计手指2的切削区域是通过指定部件边界和指定底面来确定的。因此，需要更改的工艺参数有【指定切削区域】【驱动方法】【非切削移动】【进给率和速度】。在【固定轮廓铣-[FIXED_CONTOUR]】对话框中单击【几何体】选项组中的【指定切削区域】按钮 ，如图8-224所示。弹出【切削区域】对话框如图8-225所示，设置【选择方法】为面。

图8-224　单击【指定切削区域】按钮

图8-225　【切削区域】对话框

在图形窗口选择图8-226所示的左侧设计手指底面圆角的曲面（即左侧设计手指的黄色高亮的面）。完成后，单击【切削区域】对话框中的【确定】按钮，完成切削区域曲面的选取。

如图8-227所示，修改【固定轮廓铣-[FIXED_CONTOUR]】对话框的【驱动方法】选项组中的【方法】为区域铣削。如图8-228所示，单击

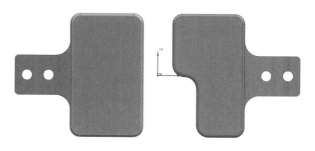

图8-226　选择切削区域

【驱动方法】对话框中的【确定】按钮。如图8-229所示，设置【区域铣削驱动方法】对话框中的【非陡峭切削模式】为跟随周边，【刀路方向】为向内，【步距】为恒定，【最大距离】为0.25。修改完后，单击【确定】按钮完成该参数的设置。

第3步：在【固定轮廓铣-[FIXED_CONTOUR]】对话框中单击【刀轨设置】选项组的【非切削移动】按钮 。如图8-230所示，打开【非切削移动】对话框，选择【进刀】选项卡，将【开放区域】选项组下的【进刀类型】修改为插削。

如图8-231所示，选择【退刀】选项卡，将【开放区域】选项组下的【进刀类型】为抬刀，修改完成后单击【非切削移动】对话框中的【确定】按钮完成该参数的修改。

第4步：在【固定轮廓铣-[FIXED_CONTOUR]】对话框中单击【进给率和速度】按钮 ，打开【进给率和速度】对话框。如图8-232所示，在弹出的【进给率和速度】对话框中的【主轴速度（rpm）】文本框中输入7500，在【切削】文本框中输入2500。单击【主轴速度（rpm）】文本框旁的按钮 ，计算基于输入的主轴速度的进给参数。如图8-233所示，完成后，单击【进给率和速度】对话框中的【确定】按钮，完成相关参数的设置。

图 8-227　修改【驱动方法】　　图 8-228　【驱动方法】对话框　　图 8-229　【区域铣削驱动方法】对话框

图 8-230　选择【进刀】选项卡

图 8-231　选择【退刀】选项卡

第 5 步：单击【平面轮廓铣-[PLANAR_PROFILE]】对话框中的【生成】按钮，生成刀路，如图 8-234 所示。

确认生成的刀路无误后，单击【固定轮廓铣-[FIXED_CONTOUR]】对话框中的【确定】按钮，完成该步的编程。

第 6 步：上述步骤已经对左侧的设计手指的圆角进行了编程。右侧设计手指的圆角的加工程序与左侧的类似，可以通过复制并修改左侧设计手指的加工程序来进行编程。如图 8-235 所示，首先对左侧设计手指的圆角加工程序进行复制。

图 8-232 【进给率和速度】对话框

图 8-233 单击【生成】按钮

图 8-234 生成的刀路

图 8-235 待复制的加工程序

第 7 步：双击复制出的【FIXED_CONTOUR_COPY】程序，打开【固定轮廓铣-[FIXED_
CONTOUR_COPY]】对话框，设置参数。单击【几何体】选项组中的【指定切削区域】按
钮，如图 8-236 所示。弹出【切削区域】对话框如图 8-237 所示，确认【选择方法】
为面。

单击【切削区域】的【列表】选项组中的按钮 ∧，展开列表，如图 8-238 所示。单击
【移除】按钮，清除已选择的区域面，完成效果如图 8-239 所示。

在图形窗口选择图 8-240 所示的右侧设计手指的底面圆角的曲面（黄色高亮
面）。选择完成后，单击【切削区域】对话框中的【确定】按钮，完成切削区域曲
面的选取。

第 8 步：如图 8-241 所示，单击【固定轮廓铣-[FIXED_CONTOUR_COPY]】对话框中
的【生成】按钮，生成刀路。

图 8-236　单击【指定切削区域】按钮

图 8-237　【切削区域】对话框

图 8-238　展开列表

图 8-239　清除已选择的区域面

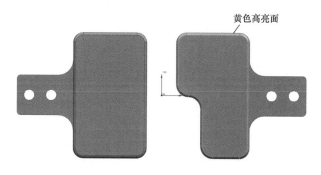

图 8-240　右侧设计手指的加工程序

图 8-241　单击【生成】按钮

生成的刀路如图 8-242 所示。

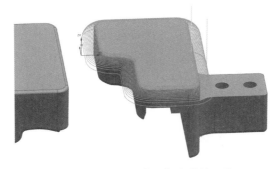

图 8-242　右侧设计手指生成的刀路

确认刀路无误后，单击【固定轮廓铣-[FIXED_CONTOUR_COPY]】对话框中的【确定】按钮，完成该工步的编程。

任务8.6　工序三的数控编程与仿真

工序三主要针对设计手指 1 和设计手指 2 正面的特征依次进行粗加工、精加工、孔加工等工步的加工，特征加工完成的效果如图 8-243 所示。

8.6.1　工步一——确定总高

工步一的主要加工内容是对设计手指 1 和设计手指 2 正面的顶部表面进行面铣，通过面铣确定工件总高。在编程时，由于工序二工步一已经对设计手指反面的表面进行了面铣确定总高的编程，所以为了节省时间，可以复制工序二工步一的程序再对其进行修改来完成该工步的编程。该工步的加工仿真效果如图 8-244 所示。

图 8-243　加工完成后的余量分析结果

图 8-244　工序三工步一加工效果

第 1 步：如图 8-245 所示，复制【WORKPIECE_COPY】中的【FACE_MILLING】程序（即工序二工步一的程序）至工序三的坐标系中的【WORKPIECE_COPY_1】下。双击复制出的【WORKPIECE_COPY_1】下的【FACE_MILLING_COPY】，打开【面铣-[FACE_MILL-ING_COPY]】对话框，如图 8-246 所示，设置该工步的工艺参数。

第 2 步：单击【几何体】选项组中的【指定面边界】按钮 ⬡，将面边界更改为图 8-247 方框所示高亮面。

第3步：如图8-248所示，修改【面铣-［FACE_MILLING_COPY］】对话框中的【毛坯距离】为5mm，【每刀切削深度】为3mm。

图 8-245　复制出的加工程序

图 8-246　【面铣-［FACE_MILLING_COPY］】对话框

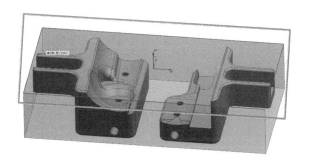

图 8-247　选择加工边界

图 8-248　设置毛坯距离和每刀切削深度

第4步：单击【面铣-［FACE_MILLING_COPY］】对话框中的【非切削移动】按钮，切换至【非切削移动】对话框中的【起点/钻点】选项卡，将区域起点修改为图8-249方框内所示的点。

第 5 步：单击【面铣-[FACE_MILLING_COPY]】对话框中的【生成】按钮 ，生成刀路，如图 8-250 所示。

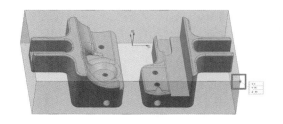

图 8-249　修改【起点/钻点】

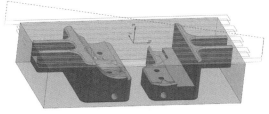

图 8-250　最终生成的刀路

确认生成的刀路无误，单击【面铣-[FACE_MILLING_COPY]】对话框中的【确定】按钮，完成该工步的编程。

该工步的加工程序在【工序导航器-几何】导航器中显示，如图 8-251 所示。

8.6.2　工步二——整体粗加工

由于设计手指 1 和设计手指 2 正面特征的高度不同，为了方便加工和编程，工步二将分为两部分程序进行编程，分别是整体轮廓粗加工和局部轮廓粗加工。该工步的加工仿真效果如图 8-252 所示。

1. 整体轮廓粗加工

整体轮廓粗加工中的主要加工内容是对设计手指 1 和设计手指 2 正面特征进行粗加工，仅加工到图 8-253 所示方框内的绿色线以上部分，再对右侧手指未加工到的位置进行粗加工。

图 8-251　生成的程序

图 8-252　工序三工步二加工仿真效果

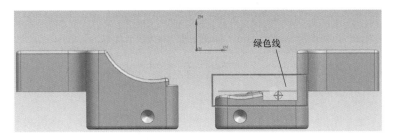

图 8-253　整体粗加工最终区域

在编程时，由于工序二工步二已经进行了类似的编程，所以为了节省时间，可以复制工序二工步二的程序再对其进行修改来完成该工步的编程。

第1步：如图8-254所示，复制【WORKPIECE_COPY】中的【CAVITY_MILL】程序（即工序二工步二的程序）至工序三的坐标系中的【WORKPIECE_COPY_1】下。

第2步：如图8-255所示，双击复制出的【WORKPIECE_COPY_1】下的【CAVITY_MILL_COPY】，打开【型腔铣-[CAVITY_MILL_COPY]】对话框，设置该工步的工艺参数。

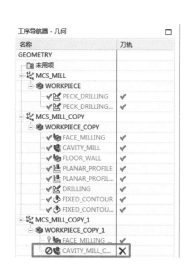

图8-254　复制的加工程序

图8-255　【型腔铣-[CAVITY_MILL_COPY]】对话框

如图8-256所示，单击【切削层】按钮，选择图8-256所示设计手指反面特征（方框所示高亮面）作为切削层的底部，为了保证底部能完全加工到位，需要将范围深度增加0.5mm。因此在【切削层】对话框中设置【范围深度】为13.5mm，【每刀切削深度】为3mm。

如图8-257所示，将【每刀切削深度】修改为3mm的原因是由于加工设计手指1和设计手指2的正面特征时，机用平口钳夹持工件的厚度较小，如果【每刀切削深度】设置较大，可能因为切削力过大，导致工件飞出。

如图8-258所示，如果直接生成刀路用于加工使用，则在左侧设计手指的封闭区域有进刀动作，对于工件加工不利，需要修改。

如图8-259所示，单击【型腔铣-[CAVITY_MILL_COPY]】对话框中【非切削移动】按钮，将【进刀】选项卡的【封闭区域】选项组中的【斜坡角】修改为2。【高度】修改为0.5mm。

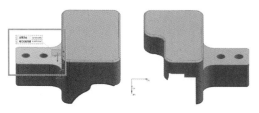

图 8-256　工序三工步二的加工底面

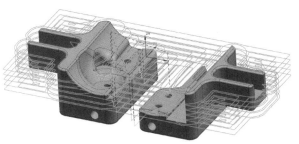

图 8-258　不合适的进刀动作

图 8-257　修改【每刀切削深度】

图 8-259　修改【斜坡角】和【高度】

第 3 步：单击【型腔铣-[CAVITY_MILL_COPY]】对话框中的【生成】按钮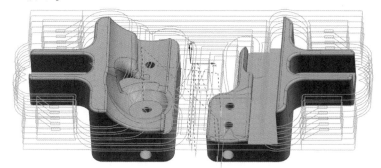，生成刀路，如图 8-260 所示。

图 8-260　最终生成的刀路

确认生成的刀路无误后，单击【型腔铣-[CAVITY_MILL_COPY]】对话框中的【确定】按钮，完成该工步的编程。

该工步的加工程序在【工序导航器-几何】导航器中显示，如图 8-261 所示。

2. 局部轮廓粗加工

第 1 步：复制使用前一步的程序，复制后的程序名为【CAVITY_MILL_COPY_COPY】。

双击【CAVITY_MILL_COPY_COPY】，打开【型腔铣-[CAVITY_MILL_COPY_COPY]】对话框，如图 8-262 所示，设置工艺参数。单击【指定切削区域】按钮，指定切削区域为图 8-263 所示的黄色高亮面。

图 8-261　工序三工步二的程序

图 8-262　【型腔铣-[CAVITY_MILL_COPY_COPY]】对话框

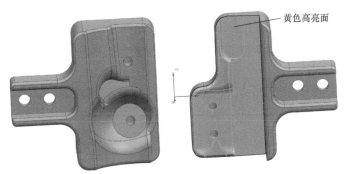

图 8-263　局部轮廓粗加工的切削区域

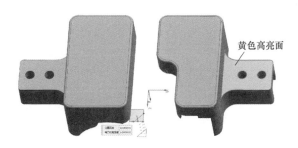

图 8-264　顶面

第 2 步：单击【型腔铣-[CAVITY_MILL_COPY_COPY]】对话框中的【切削层】按钮 ，打开【切削层】对话框。单击【范围 1 的顶部】选项组中的【选择对象】按钮，选择图 8-264 所示的黄色高亮面作为顶面。

单击【范围定义】选项组中的【选择对象】按钮，选择图 8-265 方框所示高亮面作为底面，如图 8-266 所示，设置【每刀切削深度】为 1mm。

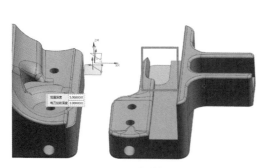

图 8-265　切削底面

图 8-266　设置【每刀切削深度】

第 3 步：如图 8-267 所示，单击【型腔铣-[CAVITY_MILL_COPY_COPY]】对话框中的【切削参数】按钮 ，切换至【策略】选项卡，设置【切削顺序】为深度优先，【刀路方向】为向内。

第 4 步：如图 8-268 所示，单击【型腔铣-[CAVITY_MILL_COPY_COPY]】对话框中的【非切削移动】按钮 ，切换至【进刀】选项卡，设置【进刀类型】为与开放区域相同。

图 8-267　【策略】选项卡

图 8-268　【进刀】选项卡

第5步：单击【型腔铣-［CAVITY_MILL_COPY_COPY］】对话框中的【生成】按钮 ，生成刀路如图 8-269 所示。

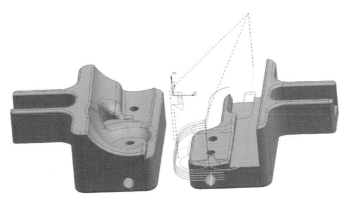

图 8-269 生成的刀路

确认生成的刀路无误后，单击【型腔铣-［CAVITY_MILL_COPY_COPY］】对话框中的【确定】按钮，完成该工步的编程。

该工步的加工程序在【工序导航器-几何】导航器中显示，如图 8-270 所示。

8.6.3 工步三——二次粗加工

工步三的主要加工内容是对设计手指 1 即左、右侧的正面特征进行二次粗加工。其目的是减少该处残余的毛坯材料，这样有利于对该处进行精加工。该工步的加工仿真效果如图 8-271 所示。

图 8-270 该工步的加工程序

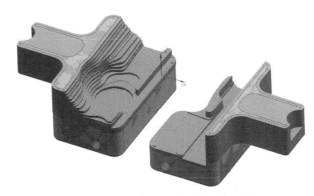

图 8-271 工序三工步三的仿真效果

第1步：在【工序导航器-几何】导航器中，双击【WORKPIECE_COPY_1】选项（WORKPIECE_COPY_1 即为工序二的几何体，对应的 MCS_MILL_COPY_1 即为工序三的加工坐标系），在弹出的快捷菜单中选择【插入】→【工序】命令。如图 8-272 所示，单击【深度轮廓加工】按钮，设置【方法】为 MILL_ROUGH。完成后，将会弹出【深度轮廓加工-［ZLEVEL_PROFILE］】对话框，如图 8-273 所示。

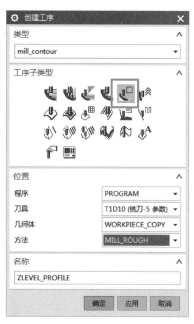

图 8-272　【创建工序】对话框

图 8-273　【深度轮廓加工-［ZLEVEL_PROFILE］】对话框

第 2 步：如图 8-274 所示，单击【指定切削区域】按钮，显示【切削区域】对话框。

选择图 8-275 所示的黄色高亮面作为切削区域，完成选择后，单击【切削区域】对话框内的【确定】按钮，完成切削区域的设置。

图 8-274　【切削区域】对话框

图 8-275　指定的切削区域

第 3 步：如图 8-276 所示，单击【深度轮廓加工-［ZLEVEL_PROFILE］】对话框中的【切削层】按钮，展开【列表】选项组，可以看到【范围深度】约为 14mm。

如图 8-277 所示，为了使加工更为彻底，需要将列表内的范围参数删除后，将【范围深度】修改为 15mm，【每刀切削深度】修改为 1mm。完成修改后，单击【切削层】对话框中的【确定】按钮完成参数设置。

图 8-276 【切削层】对话框

图 8-277 设置【范围深度】

第 4 步：如图 8-278 所示，单击【深度轮廓加工-[ZLEVEL_PROFILE]】对话框中的【非切削移动】按钮，设置【进刀】选项卡的【封闭区域】选项组中的【进刀类型】为沿形状斜进刀，【斜坡角】为 2。【高度】为 1mm。【开放区域】选项组的【进刀类型】需要改为线性-沿矢量，【指定矢量】为 YC，即 Y 轴。

如果直接生成刀路将会出现图 8-279 所示报错信息。解决方法为：修改【非切削移动】对话框的【进刀】选项卡的【封闭区域】选项组中的【最小斜面长度】为 20mm，如图 8-280 所示。

第 5 步：在【深度轮廓加工-[ZLEVEL_PROFILE]】对话框中单击【进给率和速度】按钮，打开【进给率和速度】对话框。

第 6 步：如图 8-281 所示，在弹出的【进给率和速度】对话框中的【主轴速度（rpm）】文本框中输入 7000，在【切削】文本框中输入 2500。单击【主轴速度（rpm）】文本框旁的按钮，计算基于输入的主轴速度的进给参数。完成后，单击【进给率和速度】对话框中的【确定】按钮，完成相关参数的设置。

第 7 步：完成该工步的工艺参数设置后，单击【平面轮廓铣-[PLANNAR_PROFILE]】对话框中的【生成】按钮，生成的刀路如图 8-282 所示。

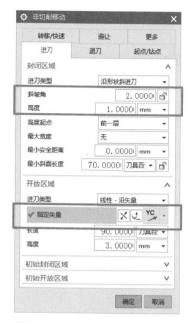

图 8-278　修改非切削移动参数

图 8-279　报错信息

图 8-280　【非切削移动】对话框

图 8-281　修改进给参数

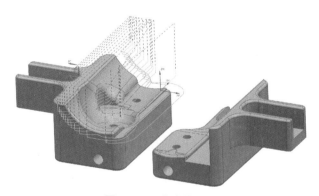

图 8-282　生成的刀路

　　确认生成的刀路无误后，单击【平面轮廓铣-[PLANAR_PROFILE]】对话框中的【确定】按钮，完成该工步的编程。

8.6.4　工步四——外轮廓精加工

　　工步四的主要加工内容是对设计手指 1 和设计手指 2 的外轮廓进行精加工。该工步的加工仿真效果如图 8-283 所示。

　　第 1 步：在进行编程之前，需要进入软件的建模环境使用【草图】工具提取两个设计

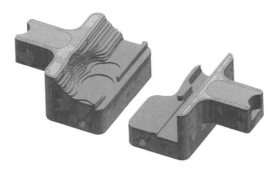

图 8-283 工序三工步四的仿真效果

手指的外轮廓线。如图 8-284 所示，单击功能区的【应用模块】选项卡下的【建模】按钮
，进入建模环境。

图 8-284 单击【建模】按钮

第 2 步：如图 8-285 所示，单击功能区【主页】选项卡下的【草图】按钮，新建草图。

图 8-285 单击【草图】按钮

选择图 8-286 所示红色高亮面作为草图平面。

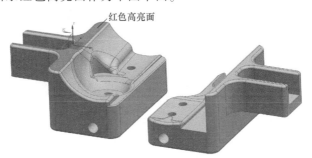

图 8-286 草图平面

第 3 步：如图 8-287 所示，单击【主页】选项卡下
【直接草图】选项组中的，【投影曲线】按钮。

如图 8-288 所示，修改上边框条中的【曲线规则】为
相切曲线。

提取两个设计手指反面的边线，选择图 8-289 方框所
示的棱线作为一侧设计手指的，另一侧设计手指同样需要
提取轮廓线的类似位置。

图 8-287 单击【投影曲线】按钮

图 8-288 【曲线规则】修改为相切曲线

图 8-289 提取边线

完成提取后，使用【直线】命令 ✐ 和【修剪曲线】命令 ✖ 将草图修剪为图 8-290 和图 8-291 所示的形状。

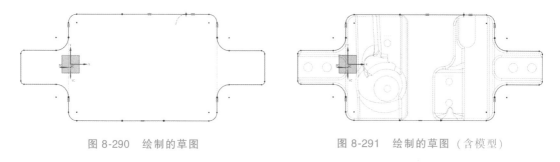

图 8-290 绘制的草图   图 8-291 绘制的草图（含模型）

确认草图无误，即可单击【主页】选项卡下的【完成草图】按钮 ▦，完成草图，如图 8-292 所示。

图 8-292 单击【完成草图】按钮

第 4 步：单击【应用模块】选项卡下的【加工】按钮切换回加工环境，接着单击【主页】选项卡下的【创建工序】按钮，选择工序的【类型】为 mill_planar，单击【工序子类型】选项组中的【平面轮廓铣】按钮 ⬕，如图 8-293 所示。设置【程序】为 PROGRAM，【刀具】为 T1D10、【几何体】为 WORKPIECE_COPY_1、【方法】为 MILL_FINISH。单击【确定】按钮后，将弹出【平面轮廓铣-[PLANAR_PROFILE_1]】对话框。

如图 8-294 所示，单击【平面轮廓铣-[PLANAR_PROFILE_1]】对话框中的【指定部件边界】按钮 ⬛，在【边界几何体】对话框中修改【模式】为曲线/边。

图 8-293　【创建工序】对话框

图 8-294　【边界几何体】对话框

如图 8-295 所示，修改弹出的【创建边界】对话框中的【类型】为封闭的，【材料侧】为内部。

图 8-295　创建边界窗口

如图 8-296 所示，将上边框条中【曲线规则】修改为相切曲线。

图 8-296　选择【相切曲线】选项

如图 8-297 所示，选择前面步骤中在草图环境绘制的外轮廓线。

如图 8-298 所示，单击【平面轮廓铣-［PLANAR_PROFILE_1］】对话框中的【指定底面】按钮，弹出【刨】对话框。选择图 8-299 所示的红色高亮面，修改【刨】

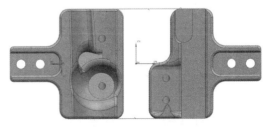

图 8-297　选择外轮廓线

对话框中的【距离】为 0.5mm，【反向】为远离模型。修改该参数的原因是为了避免底部还存留有残余材料未加工。

图 8-298 【刨】对话框

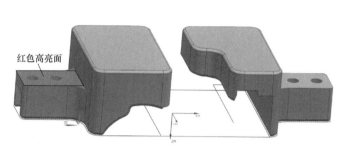

图 8-299 【指定底面】

第 5 步：如图 8-300 所示，单击【平面轮廓铣-[PLANAR_PROFILE_1]】对话框中的【非切削移动】按钮 ，将【进刀】选项卡的【开放区域】选项组中的【进刀类型】改为圆弧，【圆弧角度】改为 30，勾选【在圆弧中心处开始】复选框。

将【起点/钻点】选项卡中的【区域起点】定位在图 8-301 所示方框内的点上，便于实际加工时观察进刀的位置。

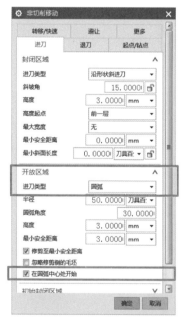

图 8-300 修改【非切削移动】对话框中的参数

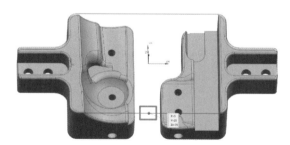

图 8-301 设置区域起点

第 6 步：在【平面轮廓铣-[PLANAR_PROFILE_1]】对话框中单击【进给率和速度】按钮 ，打开【进给率和速度】对话框。如图 8-302 所示，在弹出的【进给率和速度】对话框中的【主轴速度（rpm）】文本框中输入 7000，在【切削】文本框中输入 1650。单击

【主轴速度（rpm）】文本框旁的按钮 ，计算基于输入的主轴速度的进给参数。完成后，单击【进给率和速度】对话框中的【确定】按钮，完成相关参数的设置。

第7步：完成该工步的工艺参数设定后，单击【平面轮廓铣-[PLANNAR_PROFILE]】对话框中的【生成】按钮 ，生成刀路如图8-303所示。

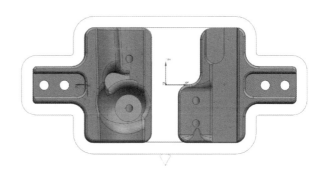

图8-302　【进给率和速度】对话框　　　　图8-303　生成刀路

第8步：确认生成的刀路无误后，单击【平面轮廓铣-[PLANAR_PROFILE]】对话框中的【确定】按钮，完成该工步的编程。

8.6.5　工步五——平面轮廓精加工

工步五的主要加工内容是对设计手指正面特征的几个大的平面进行精加工，加工对象为图8-304所示的黄色高亮面。

该工步的加工仿真效果如图8-305所示。

图8-304　加工对象　　　　　图8-305　工序三工步五加工仿真效果

第1步：进入软件的草图环境绘制两个待加工平面的轮廓线。轮廓线为图8-306方框所示的蓝色实线，均为开放轮廓。

右侧设计手指下方轮廓线需要延伸出实体，是为了完成特征的全部加工，无多余材料残留。

第2步：如图8-308所示，复制工序四的加工程序，双击复制出来的【PLANAR_PRO-FILE_1_COPY】程序，打开【平面轮廓铣-[PLANAR_PROFILE_1_COPY]】对话框，如图8-309所示。

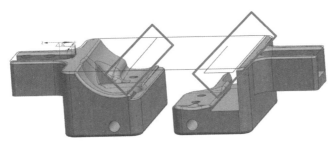

图 8-306　加工区域轮廓线

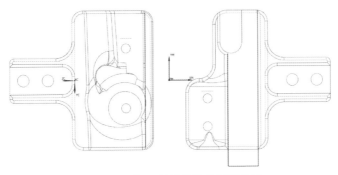

图 8-307　加工区域轮廓线投影效果

图 8-308　复制的【PLANAR_
PROFILE_1_COPY】程序

图 8-309　【平面轮廓铣-[PLANAR_PROFILE_1_
COPY]】对话框

如图 8-310 所示，单击【平面轮廓铣-［PLANAR_PROFILE_1_COPY］】对话框中的【指定部件边界】按钮，在【边界几何体】对话框中修改【模式】为曲线/边。

如图 8-311 所示，修改弹出的【创建边界】对话框中的【类型】为开放的、【材料侧】为右。【材料侧】设置错误时，会导致生成刀路后位置错误，可以通过修正【材料侧】参数来修正刀路位置的错误。

图 8-310　修改【模式】为曲线/边　　　　图 8-311　修正【材料侧】参数

选择图 8-312 方框所示前面步骤所绘制的线作为边界，设置【创建边界】对话框中的【刨】为用户定义，选择图 8-312 所示红色高亮面作为其平面对象，单击【刨】对话框中的【确定】按钮完成该命令，如图 8-313 所示。

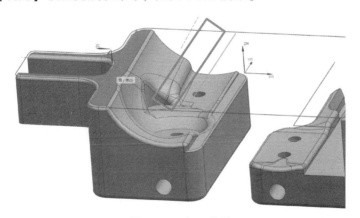

图 8-312　加工边界　　　　　　　　　图 8-313　【刨】对话框

单击【平面轮廓铣-［PLANAR_PROFILE_1_COPY］】对话框中的【指定底面】按钮，选择图 8-314 所示的黄色高亮面作为底面。

第3步：如图 8-315 所示，单击【非切削移动】按钮，将【进刀】选项卡的【开放区域】选项组中的【进刀类型】更改为线性，单击【确定】按钮，完成该参数的设定。

第4步：完成该工步的工艺参数设置后，单击【平面轮廓铣-［PLANAR_PROFILE_1_COPY］】对话框中的【生成】按钮，生成的刀路如图 8-316 所示。

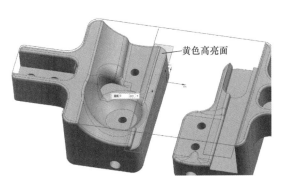

黄色高亮面

图 8-314　加工底面

图 8-315　修改【非切削移动】的参数

第 5 步：该工步需加工的平面有两处，前面步骤已经将一处完成编程，另一处的编程则是复制前面步骤生成的程序。接着修改【指定部件边界】【指定底面】参数即可。生成的刀路如图 8-317 所示。

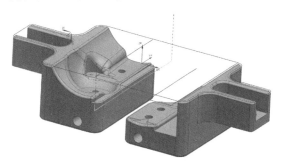

图 8-316　生成的刀路

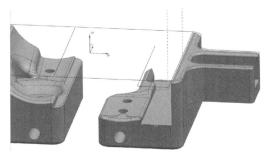

图 8-317　另一处生成的刀路

第 6 步：确认生成的刀路无误后，单击【平面轮廓铣-[PLANAR_PROFILE_1_COPY]】对话框中的【确定】按钮，完成该工步的编程。

8.6.6　工步六——装配位 U 形槽粗加工

工步六的主要加工内容是对设计手指两侧的装配位 U 形槽进行粗加工。该工步的加工仿真效果如图 8-318 所示。

第 1 步：复制前一工步的程序，双击复制出的【PLANAR_PROFILE_1_COPY_COPY_COPY】程序，打开【平面轮廓铣-[PLANAR_PROFILE_1_COPY_COPY_COPY]】对话框。如

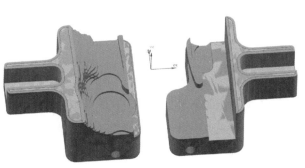

图 8-318　工序三工步六的加工仿真效果

图 8-319 所示，修改【工具】选项组中的【刀具】为 T2D6，修改【刀轨设置】选项组中的【方法】为 MILL_ROUGH。

第 2 步：单击【指定部件边界】按钮，弹出【创建边界】对话框，单击【全部重选】按钮，清除前面设定的参数。如图 8-320 所示，在【创建边界】对话框设置【类型】为开放的，【刨】为用户定义，【材料侧】为右。

图 8-319　修改工艺参数

图 8-320　【创建边界】对话框

选择图 8-321 所示的黄色高亮面作为刨削平面。

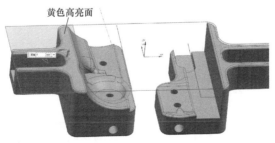

图 8-321　加工顶面

如图 8-322 所示，将上边框条中的【曲线规则】修改为相切曲线。

选择图 8-323 所示 U 形槽底面的边线。指定 U 形槽底面作为底面，U 形槽底面为

图 8-322　相切曲线

图 8-324 所示的黄色高亮面。

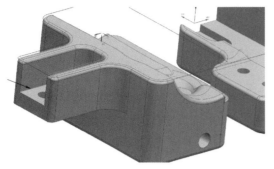

图 8-323　U 形槽底面的边线

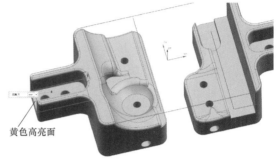

黄色高亮面

图 8-324　底面

第 3 步：以同样的步骤选择另一边的 U 形槽。

第 4 步：如图 8-325 所示，使用【简单距离】工具分析 U 形槽的深度，结果约为 9mm。

第 5 步：如图 8-326 所示，将【平面轮廓铣-[PLANAR_PROFILE_1_COPY_COPY_COPY]】对话框中的【刀轨设置】选项组中的【公共】修改为 3mm，该参数修改为 3mm 后加工时【每刀切削深度】为 3mm。

第 6 步：在【平面轮廓铣-[PLANAR_PROFILE_1_COPY_COPY_COPY]】对话框中单击【进给率和速度】按钮，打开【进给率和速度】对话框。

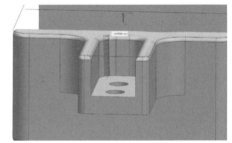

图 8-325　U 形槽的深度

第 7 步：如图 8-327 所示，在弹出的【进给率和速度】对话框的【主轴速度（rpm）】

图 8-326　刀路设置分组下的【公共】修改为 3

图 8-327　【进给率和速度】对话框

文本框中输入 8000，在【切削】文本框中输入 2000。单击【主轴速度（rpm）】文本框旁的
按钮![button]，计算基于输入的主轴速度的进给参数。完成后，单击【进给率和速度】对话框中
的【确定】按钮，完成相关参数的设置。

　　第 8 步：完成该工步的工艺参数设置后，单击【平面轮廓铣-［PLANAR_PROFILE_1_
COPY_COPY_COPY]】对话框中的【生成】按钮![button]，生成的刀路如图 8-328 所示。

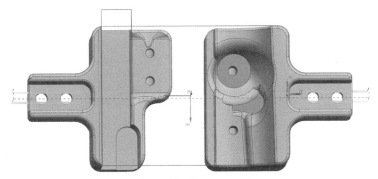

图 8-328　生成的刀路

　　第 9 步：确认生成的刀路无误后，单击【平面轮廓铣-［PLANAR_PROFILE_1_COPY_
COPY_COPY]】对话框中的【确定】按钮，完成该工步的编程。

8.6.7　工步七——U 形槽精加工

　　工步七的主要加工内容是对设计手指两侧的装配位 U 形槽、设计手指 2 正面的 U 形槽
进行精加工。该工步的加工仿真效果如图 8-329 所示。

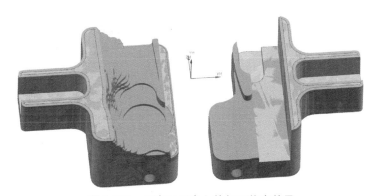

图 8-329　工序三工步七的加工仿真效果

　　第 1 步：复制前一步的加工程序，双击复制出的【PLANAR_PROFILE_1_COPY_COPY_
1_COPY】程序，打开【平面轮廓铣-［PLANAR_PROFILE_1_COPY_COPY_1_COPY]】对
话框。

　　第 2 步：如图 8-330 所示，修改【平面轮廓铣-［PLANAR_PROFILE_1_COPY_COPY_1_
COPY]】对话框的【导轨设置】选项组中的【方法】为 MILL_FINISH，修改【公共】为 0。

　　第 3 步：如图 8-331 所示，在弹出的【进给率和速度】对话框中的【主轴速度（rpm）】
文本框中输入 8000，在【切削】文本框中输入 1000。单击【主轴速度（rpm）】文本框旁的

按钮，计算基于输入的主轴速度的进给参数。完成后，单击【进给率和速度】对话框中的【确定】按钮，完成相关参数的设置。

图 8-330　修改【方法】和【公共】参数

图 8-331　【进给率和速度】对话框

第 4 步：完成该工步的工艺参数设定后，单击【平面轮廓铣-［PLANAR_PROFILE_1_COPY_COPY_1_COPY]】对话框中的【生成】按钮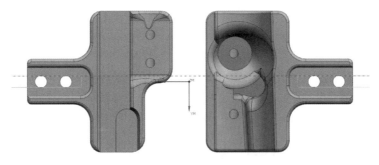，生成刀路如图 8-332 所示。

图 8-332　生成的刀路

第 5 步：确认生成的刀路无误后，单击【平面轮廓铣-［PLANAR_PROFILE_1_COPY_COPY_1_COPY]】中的【确定】按钮，完成该工步的编程。

第 6 步：复制前一工步的程序，双击复制出的【PLANAR_PROFILE_1_COPY_COPY_1_COPY_COPY】程序，打开【平面轮廓铣-［PLANAR_PROFILE_1_COPY_COPY_1_COPY_COPY]】对话框。

第 7 步：修改【指定部件边界】中的边界为图 8-333 方框内所示的 U 形槽底面边线。

修改【指定部件边界】中的刨削平面为图 8-334 所示黄色高亮面。修改【指定底面】中的底面为图 8-335 所示黄色高亮面。

图 8-333 指定边界

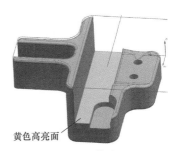

黄色高亮面

图 8-334 指定顶面

第 8 步：完成该工步的工艺参数设定后，单击【平面轮廓铣-[PLANAR_PROFILE_1_ COPY_COPY_COPY_COPY]】对话框中的【生成】按钮![生成]，生成的刀路如图 8-336 所示。

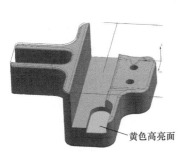

黄色高亮面

图 8-335 指定底面

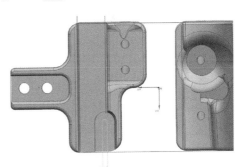

图 8-336 生成的工序三工步七的刀路

第 9 步：确认生成的刀路无误后，单击【平面轮廓铣-[PLANAR_PROFILE_1_COPY_ COPY_1_COPY_COPY]】对话框中的【确定】按钮，完成该工步的编程。

8.6.8 工步八——设计手指 1 和设计手指 2 曲面精加工

工步八的主要加工内容是对设计手指 1 和设计手指 2 正面的曲面特征进行精加工。该工步的加工仿真效果如图 8-337 所示。

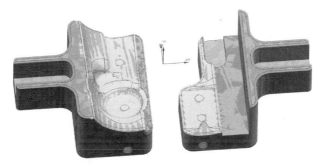

图 8-337 工序三工步八的加工仿真效果

第 1 步：单击【主页】选项卡下的【创建工序】按钮，选择工序的【类型】为 mill_ contour，单击【工序子类型】选项组中的【固定轮廓铣】按钮![按钮]。

如图 8-338 所示，设置【程序】为 PROGRAM，【刀具】为 T3R4、【几何体】为 WORK-PIECE_COPY_1，【方法】为 MILL_FINISH。单击【确定】按钮后，将弹出【固定轮廓铣-[FIXED_CONTOUR_1]】对话框。

第 2 步：如图 8-339 所示，单击【指定切削区域】按钮 ，选择图中黄色高亮面作为铣削区域。

第 3 步：如图 8-340 所示，设置【驱动方法】选项组中的【方法】为区域铣削，单击弹出的【驱动方法】对话框中的【确定】按钮。

图 8-338　单击【固定轮廓铣】按钮

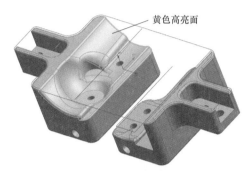

图 8-339　指定切削区域

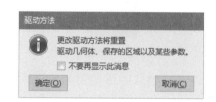

图 8-340　【驱动方法】对话框

将【区域铣削驱动方法】对话框中的【非陡峭切削模式】修改为往复，【切削方向】修改为顺铣，【步距】修改为恒定，【最大距离】修改为 0.15mm，【剖切角】修改为矢量，矢量使用两点的方法指定为图 8-341 所示的方向。

第 4 步：在【固定轮廓铣-[FIXED_CONTOUR_1]】对话框中单击【进给率和速度】按钮 ，打开【进给率和速度】对话框。

第 5 步：如图 8-342 所示，在弹出的【进给率和速度】对话框中的【主轴速度（rpm）】文本框中输入 7500，在【切削】文本框中输入 2500。单击【主轴速度（rpm）】文本框旁的按钮 ，计算基于输入的主轴速度的进给参数。完成后，单击【进给率和速度】对话框中的【确定】按钮，完成相关参数的设置。

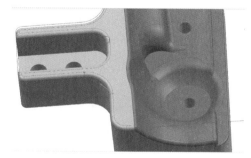

图 8-341　选择加工区域

第 6 步：完成该工步的工艺参数设置后，单击【固定轮廓铣-[FIXED_CONTOUR_1]】

对话框中的【生成】按钮，生成的刀路如图 8-343 所示。

图 8-342　【进给率和速度】对话框

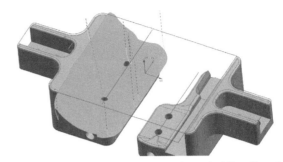

图 8-343　工序三工步八的刀路（左侧设计手指 1 的刀路）

第 7 步：确认生成的刀路无误后，单击【固定轮廓铣-[FIXED_CONTOUR_1]】对话框中的【确定】按钮，完成该部分的编程。

第 8 步：复制前一工步的加工程序，双击复制出的【FIXED_CONTOUR_1_COPY】程序，打开【固定轮廓铣-[FIXED_CONTOUR_1_COPY]】对话框。修改【指定切削区域】为图 8-344 所示的黄色高亮面。

第 9 步：完成该工步的工艺参数设置后，单击【固定轮廓铣-[FIXED_CONTOUR_1_COPY]】对话框中的【生成】按钮，生成的刀路如图 8-345 所示。

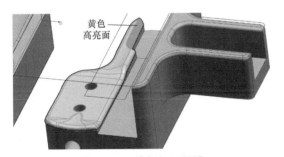

图 8-344　选择加工区域

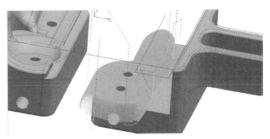

图 8-345　右侧设计手指 2 的刀路

第 10 步：确认生成的刀路无误后，单击【固定轮廓铣-[FIXED_CONTOUR_1_COPY]】对话框中的【确定】按钮，完成该部分的编程。

8.6.9　工步九——设计手指 1 曲面清根

工步九的主要加工内容是对工步八加工后的曲面进行清根处理。该工步的加工仿真效果如图 8-346 所示。

第 1 步：如图 8-347 所示，单击【主页】选项卡下的【创建工序】按钮，选择工序的

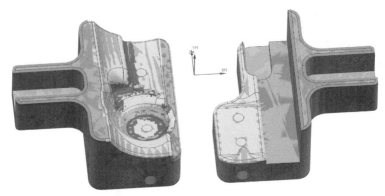

图 8-346　工序三工步九的加工仿真效果

【类型】为 mill_contour，单击【工序子类型】选项组中的【多刀路清根】按钮，设置【程序】为 PROGRAM，【刀具】为 T4R2、【几何体】为 WORKPIECE_COPY_1、【方法】为 MILL_FINISH。单击【确定】按钮后，将弹出【多刀路清根-[FLOWCUT_MULTIPLE]】对话框。

第 2 步：单击【指定切削区域】按钮，指定切削区域如图 8-348 所示。

图 8-347　【多刀路清根-[FLOWCUT_MULTIPLE]】对话框

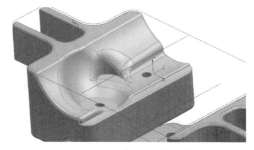

图 8-348　指定切削区域

第 3 步：如图 8-349 所示，修改【多刀路清根-[FLOWCUT_MULTIPLE]】对话框中【陡峭】选项组中的【非陡峭切削模式】为往复，【步距】为 0.15mm，【每侧步距数】为 10mm。

根据选用的球头铣刀的参数不同，【步距】参数也需要相应变化，具体可参考有关赛题点评部分的内容。

第 4 步：如图 8-350 所示，单击【多刀路清根-[FLOWCUT_MULTIPLE]】对话框中的【非切削移动】按钮，切换至【非切削移动】对话框中的【退刀】选项卡，将【退刀类型】修改为抬刀。

图 8-349　修改【步距】

图 8-350　【非切削移动】对话框中的【退刀】选项卡

第 5 步：在【刀路清根-[FLOWCUT_MULTIPLE]】对话框中单击【刀轨设置】选项组中的【进给率和速度】按钮，打开【进给率和速度】对话框。

第 6 步：如图 8-351 所示，在弹出的【进给率和速度】对话框中的【主轴速度（rpm）】文本框中输入 8000，在【切削】文本框中输入 1500。接着单击【主轴速度（rpm）】文本框旁的按钮，计算基于输入的主轴速度的进给参数。完成后，单击【进给率和速度】对话框中的【确定】按钮，完成相关参数的设置。

第 7 步：完成该工步的工艺参数设定后，单击【刀路清根-[FLOWCUT_MULTIPLE]】对话框中的【生成】按钮，生成的刀路如图 8-352 所示。

图 8-351 【进给率和速度】对话框

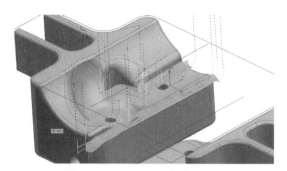

图 8-352 工序三工步九的刀路

第 8 步：确认生成的刀路无误后，单击【刀路清根-[FLOWCUT_MULTIPLE]】对话框中的【确定】按钮，完成该部分的编程。

8.6.10 工步十——倒圆角

工步十的主要加工内容是对设计手指 1 和设计手指 2 正面的圆角特征进行倒圆角加工。由于工序二工步七与本工步的加工工艺参数基本一致，因此可直接参照工序二工步七进行本工步的编程。该工步的加工仿真效果如图 8-353 所示。

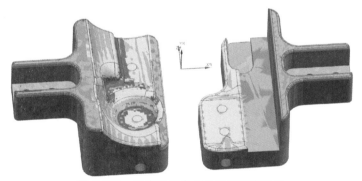

图 8-353 工序三工步十的加工仿真效果

图 8-354 所示的黄色高亮面为需要进行倒圆角加工的位置。

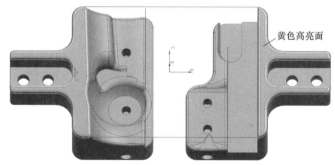

图 8-354 倒圆角加工的区域

倒圆角加工的刀路如图 8-355 所示。

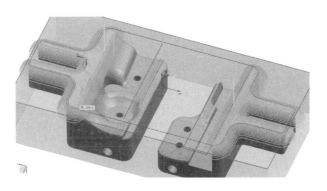

图 8-355　倒圆角加工的刀路

8.6.11　工步十一——正面吹气孔加工

工步十一的主要加工内容是对设计手指 1 和设计手指 2 正面的吹气孔进行加工。由于工步十一的编程与前面工序二工步六的编程思路基本一致，因此可直接参照工序二工步六进行本工步的编程。该工步的加工仿真效果如图 8-356 所示。

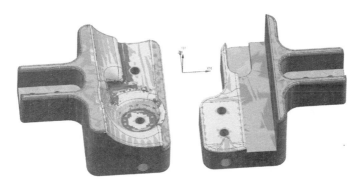

图 8-356　工序三工步十一的加工仿真效果

图 8-357 所示的黄色高亮面为需要加工的孔。

加工正面吹气孔的刀路如图 8-358 所示。

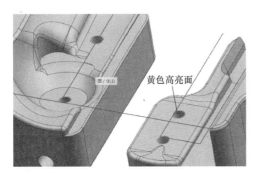

图 8-357　需要加工的孔

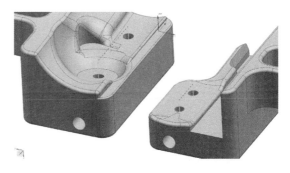

图 8-358　加工正面吹气孔的刀路

任务 8.7 加工程序的后处理

按照比赛要求，在第一阶段，需要提交数控编程的 NC 代码文件。需要对编制好的数控加工程序进行后处理，生成机床用的 NC 代码文件，并按照比赛要求进行保存。

保存 NC 代码文件时，为了避免工艺混淆，建议按照工序分文件夹进行保存，文件名称建议依照各个工步顺序进行命名，避免第二阶段加工时弄错文件顺序。后处理的操作步骤如下。

第 1 步：如图 8-359 所示，在【工序导航器-几何】导航器中右击选择需要进行导出 NC 代码的程序，在弹出的快捷菜单中选择【后处理】命令，弹出【后处理】对话框。

第 2 步：如图 8-360 所示，在【后处理】对话框的【后处理器】选项组中选择【凯恩帝三轴后处理器】，接着根据需求，修改【输出文件】选项组下【文件】文本框中的路径和文件名。【设置】选项组中的【输出球心】【列出输出】复选框。完成参数修改后，单击【后处理】对话框中的【确定】按钮，即可进行后处理。NC 代码输出完成后，可以在设定的目录中看到 NC 代码文件，如 43bc.NC。

图 8-359 单击【后处理】按钮

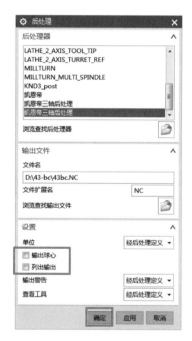

图 8-360 修改【后处理】对话框中参数

任务 8.8 工艺文件的填写

赛项中要求选手填写加工工艺卡和加工工艺说明，下面是以真题中的案例为例，讲解填写加工工艺卡和加工工艺说明方法。

1. 设计手指 1 和设计手指 2 的加工工艺说明

图 8-361 所示为设计手指 1 和设计手指 2 的加工工艺说明的示例。

要求：

请选手从节约成本、人性化设计、事故预防、环保性和可扩展性等方面考虑，描述加工工艺制订思路。

根据赛题的要求，在队伍的设计手指单个包容尺寸为 53mm×50mm×25mm，赛场所提供的毛坯尺寸为 1200mm×60mm×30mm，为了节省毛坯分离的时间、减少多次装夹定位耗时及降低失误率，因此采用一次装夹，两个零件同时加工，通过最后工序把零件分离的方式完成本次任务。

工序一：侧面孔的加工。

工序主要任务：加工气管快接头底孔。注意点：为了节省对刀时间，编程零点创建在毛坯上表面的左下角；加工时要注意钻头长度，如果钻头不够长，可先手动对空位周边部分余量进行切除。

工序二：设计手指非接触一侧的加工。

工序主要任务：加工设计手指非接触一侧轮廓、平面、孔及翻面加工对刀位。注意点：装夹时，夹持深度为 5~9mm，不允许超过 9mm；装夹时要注意孔的朝向，朝向 Y 轴正方向（背对自己）；第一个刀路刀位在工件上表面的右下角；可根据实际情况选择是否执行程序。

工序三：设计手指接触一侧的加工。

工序主要任务：加工设计手指接触一侧轮廓、装配位、夹持曲面及吹气孔。注意点：翻面装夹时，要注意气孔朝向，朝向 Y 轴负方向（朝向自己）；装夹时，在不影响加工的情况下，夹持面越大越好，不少于 5mm；编程时的零件总高为 25mm，Z 轴对刀时要注意调整 Z 轴补偿值；加工接触面时，根据实际情况选择合适的行距的程序；清根加工下刀时，要注意观察下刀位及首次进给切削深度，调整进给速度；工件上 R1mm 圆角特征可根据实际情况选择是否执行程序。

工序四：螺纹加工。

工序主要任务：气管快接头螺纹加工。注意点：螺纹有效长度必须大于气管快接头上螺纹的长度。

图 8-361 "全国职业院校技能大赛"高职组工业产品数字化设计与制造赛项加工工艺说明

2. 设计手指 1 和设计手指 2 的加工工艺过程卡（表 8-4）

表 8-4　设计手指 1 和设计手指 2 的加工工艺过程卡（示例）

工业数字化产品设计 与制造赛项		数控加工工艺过程卡		产品名称或代号				共　页	
				零（部）件名称			设计手指	第　页	
材料	7075 铝合金	毛坯 种类	型材	毛坯尺寸	120mm× 60mm×30mm	每毛坯可制件数		2	备注
序号	工序 名称	工序内容			设备	夹具	刀具	量具	工时
									准备 单件
1	孔加工	（o11 ~ o12）加工设计手指上气管快接头 底孔			数控铣床	机用平口钳		游标 卡尺	
2	上表 面加工	（o21）加工毛坯上表面			数控铣床	机用平口钳	φ10mm	游标 卡尺	
3	整体 粗加工	（o22）设计手指非接触一侧整体粗加工			数控铣床	机用平口钳	φ10mm	游标 卡尺	
4	轮廓、地 面精加工	（o23 ~ o24）设计手指外轮廓、底面精加工			数控铣床	机用平口钳	φ10mm	游标 卡尺	
5	对刀 位加工	（o25）翻面对刀位加工			数控铣床	机用平口钳	φ10mm	游标 卡尺	
6	装配 孔加工	（o26）装配位的孔加工			数控铣床	机用平口钳	Z4.2	游标 卡尺	
7	圆角加工	（o26）毛坯上 R1mm 圆角特征加工 （可选）			数控铣床	机用平口钳	R4mm	游标 卡尺	
8	表面加工	（o31）翻面加工毛坯上表面，确定零件总 高为 25mm			数控铣床	机用平口钳	φ10mm	游标 卡尺	
9	整体 粗加工	（o32 ~ o33）设计手指接触一侧整体粗 加工			数控铣床	机用平口钳	φ10mm	游标 卡尺	
10	半精加工	（o34）曲面较多的设计手指曲面半精加工			数控铣床	机用平口钳	φ10mm	游标 卡尺	
11	轮廓、地 面精加工	（o35 ~ o36）设计手指外轮廓、底面精加工			数控铣床	机用平口钳	φ10mm	游标 卡尺	
12	装配 位加工	（o37 ~ o38）装配位 U 形槽粗、精加工			数控铣床	机用平口钳	φ6mm	游标 卡尺	
13	U 形位 精加工	（o39）设计手指接触面上 U 形特征精 加工			数控铣床	机用平口钳	φ6mm	游标 卡尺	
14	曲面 精加工	（o310 ~ o311）设计手指曲面精加工 （可选）			数控铣床	机用平口钳	R4mm	游标 卡尺	
15	清根加工	（o312）曲面较多的设计手指清根加工			数控铣床	机用平口钳	R2mm	游标 卡尺	
16	圆角加工	（o313）设计手指上 R1mm 圆角特征加工 （可选）			数控铣床	机用平口钳	R2mm	游标 卡尺	
17	孔加工	（o314）设计手指接触面上吹气孔加工			数控铣床	机用平口钳	Z4.2	游标 卡尺	

任务 8.9　文件的保存

完成加工程序的后处理，并保存为 NC 代码文件后，还需要按照第一阶段的赛项任务书填写相关文件，并按赛项任务书要求提交和保存的各种文件。

8.9.1　工艺文件的保存

第一阶段的赛项任务书中，保存、提交文件的要求如下：

制订加工工艺，填写完成加工工艺卡（电子文档）文件名为【41gyk】和加工工艺说明（电子文档）文件名为【42gysm】。

提交位置：U 盘根目录一份，并在计算机 D 盘根目录下备份，其他位置不得保存。

比赛过程中，选手需按照上述要求进行文件的保存和提交。

8.9.2　加工程序的保存

提交工件的数控编程程序，文件名为【43bc-sj1】【43bc-sj2】等，与任务三的文件命名相对应。

提交位置：U 盘根目录一份，并在计算机 D 盘根目录下备份，其他位置不得保存。

项目9 零件的数控加工

 学习目标

知识目标：

1. 了解数控铣床的机构、组成及相互之间的运动关系
2. 了解数控铣刀的类别、使用场合及切削参数
3. 掌握数控铣削加工的各类辅助工具的使用方法
4. 掌握数控铣床的规范操作
5. 掌握机床常见报警的处理方法

技能目标：

1. 能根据工序卡片，选择合适的刀具进行安装和加工
2. 能根据工序卡片，合理安装毛坯并找正加工坐标系
3. 能正确使用游标卡尺和千分尺对零件进行检测
4. 能正确使用杠杆百分表/光电式寻边器对工件进行找正
5. 能正确使用Z轴对刀仪建立刀具长度补偿刀库
6. 能根据工序卡片，选择合适的转速和进给速度，完成零件的加工
7. 能够正确进行现场6S管理
8. 能够根据要求进行零件的提交

素质目标：

1. 培养学生协同合作的团队精神，使其能与团队成员协作，共同完成任务
2. 培养学生树立正确、高尚的职业道德、人生观、价值观
3. 培养学生实事求是、求真务实、开拓创新的科学精神和好奇心，尊重实证，批判地思考，灵活性解决问题、对变化世界有敏感的科学态度

思政目标：

1. 具备有条不紊、随机应变、临危不乱的能力，能够协助他人完成任务
2. 具备敬业、精益、专注、创新的工匠精神

在零件的数控加工中，基本的操作思路是加工前的准备、零件装夹、换刀、分中找正、程序传输、试运行和正式加工。本项目在对设计手指1和设计手指2的加工过程中，有许多

重复操作，对重复的操作步骤仅讲解一次。对设计手指 1 和设计手指 2 的加工选用 FANUC-0i-MD 数控系统的数控铣床，因此其他数控编程与仿真软件操作可参照本书的思路进行相关学习。在本项目微课视频教程中，为了使视频和图片的拍摄效果良好，未开切削液，但是在实际加工过程中，基于提高加工效率、获得更好的加工效果等方面的考虑，加工时需要开启切削液进行冷却。

任务 9.1 数控加工前的准备

工具、量具和刀具的准备。

比赛第二阶段为"创新零件加工、装配验证"阶段。其主要内容为：对第一阶段设计的创新设计成果进行数控加工。在此过程中，提供一台数控铣床，铣床上已安装一台精密组合平口钳。其他物品见表 9-1，可由选手自行准备。

表 9-1 工具、量具和刀具的准备

序号	品名	规格型号	数量
1	飞刀	D16(刀杆)	1 个
		可转位刀片(铝合金专用刀片)	2 片
2	三刃整体合金铝加工专用立铣刀	D10	2 把
		D8	2 把
		D6	2 把
3	两刃整体合金球头立铣刀	D8R4	2 把
		D6R3	2 把
		D4R2	2 把
		D2R1	2 把
4	钻头	3.3、4、4.2、4.8、5、5.8、9.8	各 2 个
5	铰刀	$\phi5H7$、$\phi6H7$、$\phi10H7$	各 2 把
6	丝锥	M4、M5、M6	各 2 个
7	手锯条	中齿	若干
8	刀柄	BT40 刀柄	4 个
9	自紧钻夹头	1~13mm	2 个
10	配用拉钉	P40T-I	4 个
11	刀柄扳手	ER32-BS	1 个(每工位)
12	内六角扳手	调整飞刀刀片用	1 个
13	卡套	$\phi20mm$、$\phi16mm$、$\phi10mm$、$\phi8mm$、$\phi6mm$、$\phi4mm$、$\phi2mm$	1 个
14	手钢锯	自定	1 个
15	光电式寻边器	自定	1 个
16	Z轴对刀仪	自定	1 个
17	百分表及表座	自定	1 个
18	护目镜	自定	1 个

1. 铝合金的材料特性

比赛所选用的材料为 7075 铝合金，与较多学校实训使用的铝合金的性能具有一定差异。实训常用的材料有 7075 铝合金和 6061 铝合金。

（1）6061 铝合金　6061 铝合金的主要合金元素是镁与硅，并形成 Mg_2Si 相。Mg_2Si 固溶于铝中，使合金具有人工时效硬化功能，具有中等强度、良好的耐蚀性、焊接性、氧化效果较好。抗拉强度大于 205MPa；受压屈服强度为 55.2MPa；弹性模量为 68.9GPa；抗弯曲屈服其强度为 228MPa；弯曲屈服强度为 103MPa。

（2）7075 铝合金　7075 铝合金为 Al-Zn-Mg-Cu 系超硬铝合金，该合金在 20 世纪 40 年代末期就已应用于飞机制造业，至今仍在航空工业上得到广泛应用，是超高强度变形铝合金。其特点是固溶处理后塑性好，热处理强化效果特别好，在 150℃ 以下有高的强度，并且有特别好的低温强度；焊接性能差，有应力腐蚀开裂倾向，需经包铝或其他保护处理使用。其抗拉强度大于 524MPa；屈服强度为 455MPa；受压屈服强度为 455MPa；弹性模量为 71GPa。

2. 刀具选择的建议

在选择加工所需刀具时，要注意以下几点：

1）由于 7075 铝合金材料相对一般铝材硬度较高，抗拉强度与屈服强度较好，具有良好的力学性能，首选焊接金刚石的飞刀，其次是 YG 类硬质合金刀具。综合各种因素，通常选用 YG 类硬质合金铣刀。

2）在加工的过程中，要选用直径较大的刀具去除多余的毛坯，减少加工余量，便于精加工。由于飞刀结构的特殊性，不适合在比赛过程中快速去除余料，所以没选用飞刀。同时也要考虑在竞赛过程，尽可能减少所使用的刀具的种类及换刀次数。

3）在竞赛过程中要尽可能减少使用直径大于或等于 6mm 的平铣刀、球刀铣刀，在必须使用的情况下，要先尽可能地去除多余的余量再使用，可以有效避免因断刀导致比赛失利。

任务9.2　机床设备的操作规范

为了正确合理地使用数控机床，减少其故障的发生率，操作人员需经机床管理人员同意后方可操作机床。

9.2.1　开机前的注意事项

1）操作人员必须熟悉该数控机床的性能和操作方法并经机床管理人员同意后方可操作机床。

2）机床通电前，先检查电压、气压、油压符合工作要求。

3）检查机床运动部分处于正常工作状态。

4）检查工作台无越位和超极限状态。

5）检查电气元件牢固，没有接线脱落。

6）检查机床接地线与车间地线可靠连接（初次开机时特别重要）。

7）已完成开机前准备工作后，方可合上电源总开关。

9.2.2　开机过程中的注意事项

1）机床通电后，CNC 装置尚未出现位置显示或报警画面时，不要触碰 MDI 面板上的任何按键。因为有些按键专门用于机床的维护和特殊操作，在开机的同时按下这些按键，机床数据可能会丢失。

2）一般情况下，开机过程中必须先进行回机床参考点的操作，建立机床坐标系。

3）开机后，让机床空运行 15min 以上，使机床达到平衡状态。

4）关机以后必须等待 1min 以上才可以进行再次开机，没有特殊情况请勿随意频繁进行开机或关机操作。

9.2.3　机床操作过程中的安全操作

1）手动操作：当手动操作机床时，要确定刀具和工件的当前位置并保证已正确指定了轴的运动方向和进给速度。

2）手动返回参考点：机床通电后，务必先执行返回参考点操作。进行回参考点操作是为了验证机床是否能正常工作。

3）手摇脉冲发生器进给：在使用手摇脉冲发生器进给时，一定要选择正确的进给倍率，过大的进给倍率容易使刀具或机床损坏，尤其是丝杠损坏。

4）工作坐标系：手动干预、机床锁住或镜像操作都可能移动工件坐标系，用程序控制机床前，必须先确认工件坐标系。

5）空运行：通常使用机床空运行来确认机床运行的正确性，在空运行期间，机床以空运行的进给速度运行，该速度与程序输入的进给速度是不一样的，且空运行的进给速度要比编程的进给速度快得多。

6）自动运行：机床在自动执行程序时，操作人员不得离开岗位，要密切注意机床、刀具等的工作状况，根据实际情况调整加工的相关参数，一旦发现意外情况，应立即停止机床。

7）使用杠杆百分表对机用平口钳的安装精度进行校验。

9.2.4　与编程相关的安全操作

1）坐标系的设定：如果没有设置正确的坐标系，尽管指令正确，机床也不会按预期的动作运动。

2）米/寸制的转换：在编程过程中，一定要注意单位的转换，使用的单位制式要与机床当前使用的单位制式相同。

3）刀具补偿功能：在补偿功能模式下，发出基于机床坐标系的运动指令或返回参考点命令，补偿功能就会暂时取消，这可能导致机床不可预想的运动。

9.2.5　调试过程中的注意事项

1）编辑、修改及调试好程序，若是首件试切，则必须进行空运行，确保程序正确无误。

2）按工艺要求安装、调试好夹具，并清除各定位面的切屑和杂物。

3）按定位要求装夹好工件，确保定位正确可靠，不得在加工过程中发生工件松动现象。

4）安装好需要的刀具，若是加工中心，则必须使刀具在刀库上的刀位号与程序中的刀号严格一致。

5）按工件上的编程原点进行对刀，建立工件坐标系。若用多把刀具，则其余各把刀具应分别进行长度补偿或刀尖位置补偿。

6）设置好刀具半径补偿。

7）确认切削液输出通畅、流量充足。

8）再次检查所建立的工件坐标系是否正确。

9）以上各点准备完成后方可加工工件。

9.2.6　加工过程中的注意事项

1）加工过程中不得调整刀具和测量工件尺寸。

2）自动加工中，应始终监视运转状态，严禁离开机床，遇到问题及时解决，防止发生不必要的事故。

3）定时对工件进行检验，确定刀具磨损等情况。

4）关机或交接班时，对加工情况、重要数据等做好记录。

5）机床各轴在关机时应远离其参考点或停在中间位置，使工作台重心稳定。

6）加工完成后清洁机床，必要时涂防锈漆。

9.2.7　机用平口钳安装精度的检验与校准

在装夹毛坯到机床进行实际加工前，需要使用杠杆百分表对机用平口钳安装精度进行校验（比赛提供的机用平口钳已经安装在加工机床上，并且已经经过调试）。使用百分表进行机用平口钳安装精度的校验是为了确保机用平口钳的正确安装，避免因为机用平口钳安装问题导致加工失败，具体操作步骤如下。

第1步：将工作台与机用平口钳底面擦拭干净，将机用平口钳放到工作台上。

第2步：把装有百分表的磁性表座吸在主轴底面上。

第3步：将百分表移动至机用平口钳附近，以校正X轴方向为例。

第4步：使用手轮移动Y轴，将百分表压在机用平口钳口上。

第5步：使用手轮移动X轴，观察百分表指针跳动的情况。

第6步：调整机用平口钳位置，使指针跳动在0.02mm范围内。

第7步：锁住其中一个紧固螺栓。

第8步：再找正到0.02mm范围内。

第9步：交替锁紧两个紧固螺栓。

第10步：用百分表校验平行度是否有变化。

9.2.8　关机过程中的注意事项

1）确认工件已加工完毕。

2）确认机床的全部运动均已完成。

3）检查工作台面远离行程开关。

4）检查已取下刀具，主轴锥孔内、工作台面已清洁完毕并进行了保养操作。

5）注意关机顺序。

任务9.3 工具、量具和刀具的使用规范

9.3.1 工具的使用规范

1. 光电式寻边器

（1）利用光电式寻边器找工件中心的方法

第1步：将装夹好的工件利用百分表找正，注意工件边缘不能有毛刺，以免影响接触。

第2步：将光电式寻边器装夹到刀柄内，一般装夹 20~30mm 即可；然后再把刀柄安装至机床主轴上，主轴正转，转速为 500~1000r/min。

第3步：沿 X 轴移动寻边器，采用逐步逼近的方法，使寻边器靠近工件，直到寻边器的红色指示灯稳定的亮起，记录 X 轴坐标值 X1。需要注意的是，在即将接触到工件时，用机床的最小步长来靠近工件，寻边器与工件接触的部位是钢珠的最外端，如图 9-1 所示。

第4步：将寻边器沿 X 轴移动到工件另一侧，保持 Y、Z 轴坐标不变，采用逐步逼近的方法靠近工件另一侧。将寻边器旋转 180°，再次靠近工件，当红色指示灯稳定亮起时，记录 X 轴坐标值 X2，如图 9-2 所示。

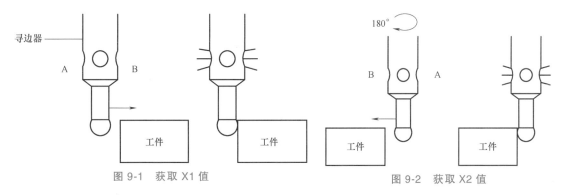

图 9-1 获取 X1 值　　　　图 9-2 获取 X2 值

第5步：按照同样的方法获得 Y 轴的两个坐标值，即工件下侧和工件上侧的两个值 Y1 和 Y2。

第6步：计算工件中心的 X、Y 的坐标值，X = (X1+X2)/2，Y = (Y1+Y2)/2。

（2）利用光电式寻边器寻找工件边部的方法

第1步：寻找工件左侧坐标值时，移动寻边器，采用逐步逼近的方法，靠近工件，直到寻边器的红色指示灯稳定地亮起，记录坐标值 X1。

第2步：移动寻边器，使它离开工件，然后将寻边器旋转 180°，再去靠近工件同一侧，红色指示灯亮起时，记录坐标值 X2。

第3步：这样可以得到工件左侧的坐标值 $X_左$ = (X1+X2)/2+R，由于寻边器的钢珠直径为 10mm，所以这里的 R = 5mm。（钢珠直径误差为微米级，可以忽略不计。）

第 4 步：工件的任意一个边的坐标都可以通过上述方法得到，如工件右侧的坐标 $X_右 =$ （X1+X2）/2-R。其中，X1、X2 为在工件右侧两次得到的坐标值。

（3）光电式寻边器使用的注意事项

1）使用光电式寻边器之前，一定要保证工件的两个直角边分别平行于 X 轴和 Y 轴。

2）在使用光电式寻边器时，可根据实际情况选择是否启动主轴电动机，如启动主轴电动机，转速控制在 500~1000r/min。

3）光电式寻边器是利用光电原理，工件必须是电的导体，不然无法使用。同时，回路的构成是通过主轴、机床主体、工件，因此工件底部不能有绝缘物体。

4）保持寻边器和工件的清洁状态，无金属切屑或毛刺附着，以免在没有接触到工件时就使指示灯发亮，得到错误的结果。

5）在由工件一侧移动到另一侧时，需要抬起寻边器，以免在移动中碰坏寻边器。

6）快接触工件时，注意采用最小步长靠近工件，这样可以提高检测精度。

7）在不启动主轴电动机使用光电式寻边器操作的情况下，由于寻边器的钢珠部位存在径向跳动，所以采用在测量一边后，将寻边器旋转 180°来测量另一边的办法来消除误差（保证使用寻边器的同一点接触工件）。测量单边时，测量一次后，将寻边器旋转 180°，再测一次，两个结果相加除以 2，同样消除了跳动带来的误差。需要注意的是，旋转时，不要用手捏住寻边器进行旋转，而是捏住卡头进行旋转。

8）按照规范的方法来寻找工件的中心，误差在 0.02mm 以内，寻找工件的边部坐标可以达到同样的精度。

2. 平行垫铁

平行垫铁用于将工件垫高装夹在机用平口钳上，因此要求平行垫铁具有一定精度。使用平行垫铁时有以下注意事项：

1）使用时避免其从高处跌落，高处跌落会导致垫铁产生形变。

2）垫铁使用完毕后，需要及时清理干净，做好防锈护理，放回包装盒中。

3）垫铁存放时需要注意防锈，垫铁表面生锈会使垫铁尺寸出现误差，可采用油纸对垫铁进行包裹，并存在干爽、通风处。

9.3.2 量具的使用规范

1. 带表式 Z 轴设定器

下面仅以带表式 Z 轴设定器使用说明为例，如图 9-3 所示，其他型号设定器使用方法相似，如有不明之处请咨询厂家。

1）将带表式 Z 轴设定器放置在水平面，使用圆棒按压带表式 Z 轴设定器，旋转百分表使指针归零。

2）测量端面向下并下压使之与水平面平行，旋转百分表使指针归零。

3）测量端面朝上，通过面板控制主轴运动至带表式 Z 轴设定器上方中心，然后缓慢下刀，使百分表指针归零。

4）将 Z 轴设定器置于工件上，刀具接触测量面，慢速进刀使指针对准零线，则刀具与上把刀具距离同等，与工件的高度差距离是 50mm。

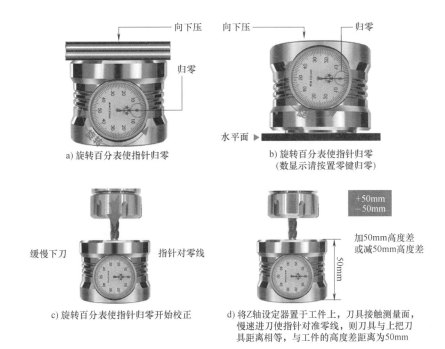

a）旋转百分表使指针归零

b）旋转百分表使指针归零
（数显示请按置零键归零）

缓慢下刀　　　　　指针对零线

c）旋转百分表使指针归零开始校正

+50mm
-50mm

加50mm高度差
或减50mm高度差

50mm

d）将Z轴设定器置于工件上，刀具接触测量面，
慢速进刀使指针对准零线，则刀具与上把刀
具距离相等，与工件的高度差距离为50mm

图9-3　Z轴设定器的使用方法

2. 游标卡尺

1）游标卡尺是比较精密的测量工具，要轻拿轻放，不得碰撞或跌落地上。使用时不要用来测量表面粗糙的物体，以免损坏测量爪，不用时应置于干燥地方，防止锈蚀。

2）测量时，应先拧松制动螺钉，移动游标尺不能用力过猛。两测量爪与待测物的接触不宜过紧。不能使被夹紧的物体在测量爪内挪动。

3）读数时，视线应与尺面垂直。如需固定读数，可用制动螺钉将游标尺固定，防止滑动。

4）实际测量时，对同一长度应多测量几次，取其平均值来消除偶然误差。

3. 杠杆百分表

1）使用前，认真地对杠杆百分表进行检查。要检查外观，度盘上的玻璃是否破裂或脱落；是否有灰尘和湿气侵入表内。检查测量杆的灵敏性，是否移动平稳、灵活，无卡住等现象。

2）使用时，必须把杠杆百分表可靠地固定在表座或其他支架上，否则可能摔坏杠杆百分表。

3）杠杆百分表既可用作绝对测量，也可用作相对测量。相对测量时，用量块作为标准件具有较高的测量精度。

4）杠杆测头与被测表面接触时，测量杆应有约0.3mm的压缩量可提高示值的稳定性，因此要先使指针转过半圈到一圈左右。为了读数方便，测量前一般把杠杆百分表的指针指到度盘的零线处然后再提拉测量杆，重新检查指针所指零线是否有变化，反复几次直到校准为止。

5）测量工件时，应注意测量杆的位置。测量平面时，测量杆要与被测表面垂直，否则会产生较大的测量误差。测量圆柱形工件时，测量杆的轴线应与工件直径方向垂直。

6）测量时，测量杆的行程不要超过它的测量范围，以免损坏表内零件，同时避免振动、冲击和碰撞杠杆百分表。

7）要使杠杆百分表保持清洁。

9.3.3　刀具的使用规范

在铣削工件时，使用刀具应注意以下几点：

1. 立铣刀的装夹

加工中心用的立铣刀大多采用弹簧夹套的装夹方式，使用时处于悬臂状态。在铣削加工过程中，有时可能出现立铣刀从刀夹中逐步伸出，甚至完全掉落，致使工件报废的现象。其原因通常是刀夹内孔与立铣刀刀柄外径之间存在油膜，形成夹紧力不足所致。立铣刀出厂时通常都涂有防锈油，假如切削时使用非水溶性切削油，刀夹内孔也会附着一层雾状油膜，当刀柄和刀夹上都存在油膜时，刀夹很难牢固夹紧刀柄，在加工中立铣刀就轻易松动掉落。所以在立铣刀装夹前，应先将立铣刀柄部和刀夹内孔用清洗液清洗干净，擦干后再进行装夹。

当立铣刀的直径较大时，即使刀柄和刀夹都很清洁，还是可能发生掉刀事故，这时应选用带削平缺口的刀柄和相应的侧面锁紧方式。

立铣刀夹紧后可能出现的另一题目是加工中立铣刀在刀夹端口处折断，其原因通常是刀夹使用时间过长，刀夹端口部已磨损成锥形所致。此时应更换新的刀夹。

2. 立铣刀的振动

由于立铣刀与刀夹之间存在微小间隙，所以在加工过程中刀具有可能出现振动现象。振动会使立铣刀圆周刃的吃刀量不均匀，且切削量比原定值增大，影响加工精度和刀具寿命。但当加工出的沟槽宽度偏小时，也可以有目的地使刀具振动，通过增大切削量来获得所需槽宽，但这种情况下应将立铣刀的最大振幅限制在 0.02mm 以下，否则无法进行稳定的切削。在正常加工中立铣刀的振动越小越好。

当出现刀具振动时，应考虑降低切削速度和进给速度，如两者都已降低 40% 后仍存在较大振动，则应考虑减小吃刀量。

如果加工系统出现共振，其原因可能是切削速度过大、进给速度偏小、刀具系统刚性不足、工件装夹力不够以及工件外形或工件装夹方法不合适等要素所致。此时应采取调整切削用量、添加刀具系统刚度、增大进给速度等措施。

3. 立铣刀的端刃切削

在模具型腔等工件的数控铣削中，当被切削点处于下凹部分或深腔时，需加长立铣刀的伸出量。假如使用长刃型立铣刀，由于刀具的挠度较大，易产生振动并导致刀具折损，所以在加工过程中，假如只需刀具端部四周的切削刃参加切削，则最好选用刀具总长度较长的短刃长柄型立铣刀。在卧式数控机床上使用大直径立铣刀加工工件时，由于刀具自重所产生的变形较大，更应十分留意端刃切削易出现的题目。在必须使用长刃型立铣刀的情况下，则需大幅度降低切削速度和进给速度。

4. 切削参数的选用

切削速度的选择取决于被加工工件的材质；进给速度的选择取决于被加工工件的材质及

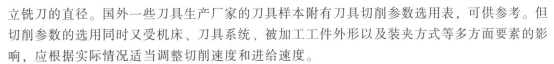

立铣刀的直径。国外一些刀具生产厂家的刀具样本附有刀具切削参数选用表，可供参考。但切削参数的选用同时又受机床、刀具系统、被加工工件外形以及装夹方式等多方面要素的影响，应根据实际情况适当调整切削速度和进给速度。

当以刀具寿命为优先考虑要素时，可适当降低切削速度和进给速度；当切屑的离刃情况不好时，则可适当增大切削速度。

5. 切削方式的选择

采用顺铣有利于防止切削刃损坏，可提升刀具寿命。但有两点需求留意：如采用普通机床加工，应尽量消除进给机构的间隙；当工件表面残留有铸、锻工艺构成的氧化膜或其他硬化层时，宜采用逆铣。

任务 9.4　现场 6S 管理

1. SEIRI（整理）

整理工作是按物品的使用频率，以取用方便，尽量把寻找物品时间缩短为 0s 为目标。

2. SEITON（整顿）

整顿工作是在整理的基础上再把需要的人、事、物加以定量、定位，创造一个一目了然的现场环境。

3. SEISO（清扫）

清扫工作是认真进行现场、设备仪器和管道的卫生清扫，在一个干净的环境中，通过设备点检、管道巡视，异常现象便能迅速发现并得到及时处理，使之恢复正常。

4. SEIKETSU（清洁）

清洁工作是为保持维护整理、整顿、清扫的成果，使现场保持安全生产的适宜状态。

5. SAFETY（安全）

安全工作是以 HSE 管理体系，执行行为准则，建立安全的工厂、科学的管理、安全的设备、安全的工作行为。

6. SHITSUKE（素养）

素养即平日之修养，指正确的待人接物处事的态度。一种行为被多次重复就有可能成为习惯。

任务 9.5　加工前的装夹与对刀

9.5.1　工件装夹

第 1 步：如图 9-4 所示，转动机用平口钳螺杆，将其松开，用手推动钳口至合适位置，比毛坯稍宽即可。

第 2 步：如图 9-5 所示，使用吹尘枪清洁机用平口钳表面和工作台表面。

第 3 步：如图 9-6 所示，在机用平口钳钳口内放入平行垫铁。由于毛坯高度不足，故需使用平行垫铁将毛坯垫高。一般来说，机用平口钳夹紧的是工件的长边，此时由于接触面积更大，所以工件夹紧得更稳固。

图 9-4 机用平口钳

图 9-5 清洁机用平口钳

第 4 步：如图 9-7 所示，用手转动机用平口钳的螺杆，使机用平口钳夹住工件。

图 9-6 放入工件

图 9-7 夹持工件

第 5 步：如图 9-8 所示，使用呆扳手转动螺杆夹紧工件，同时使用铜棒或铜锤均匀敲击工件。通过拧紧的同时敲击工件使工件与平行垫块的接触面积尽可能大，夹紧更稳固，同时避免工件出现弯曲的情况。

工件装夹如图 9-9 所示。

图 9-8 敲击工件

图 9-9 装夹完成

9.5.2 建立刀具补偿操作

使用 Z 轴对刀仪进行 Z 轴对刀。

第 1 步：如图 9-10 所示，使用手轮控制铣床，将铣刀运动至 Z 轴对刀仪上方，接着缓慢移动铣刀移动，轻压对刀仪测量端面，记下此时机床坐标系的 Z 轴坐标值 Z1。

第 2 步：如图 9-11 所示，依次按
【SET】和【刀偏】软键，切换至【刀偏】
界面。

第 3 步：如图 9-12 所示，前一步得到
的 Z 轴坐标值 Z1 是第一把刀的 Z 轴刀补数
值，故将黄色光标移动至第一行、第一列。
用 MDI 键盘输入前一步得出的刀补数值 Z1，
然后按【输入】软键，第一把刀的 Z 轴对
刀就完成了。

图 9-10 获取 Z 轴坐标轴 Z1

完成了该刀具的 Z 轴对刀后，其余刀具的对刀采用同样的操作，进行 Z 轴对刀。

图 9-11 【刀偏】界面

图 9-12 输入第一把刀的刀补数值 Z1

任务 9.6 工序一的加工

工序一的加工步骤：装夹工件、分中找正、传输加工程序、加工（每一道程序刚开始
加工时需要在最低进给速度的条件下仔细观察，确认无误后才可以调回正常值）、后处理。

在进行各轴的分中找正时需要注意的是，完成分中找正，除了坐标原点需要与编程时的
坐标原点对应外，各轴方向也应对应，否则会使加工的特征与要求不相符。

9.6.1 工序一的分中找正

1. X 轴的分中找正

第 1 步：如图 9-13 所示，将铣刀安装在刀柄上，再将其安装在铣床上。

第 2 步：如图 9-14 所示，将铣刀运动至工件 X 轴一侧，铣刀沿 X 轴缓慢靠近工件，轻
轻切削工件一层。

第 3 步：如图 9-15 所示，在【综合显示】界面下，使用 MDI 键盘输入 X，按【归零】
软键，即可将相对坐标归零。

图 9-13　装夹铣刀

图 9-14　切削 X 轴一侧

第 4 步：如图 9-16 所示，依次按【SET】和【坐标系】软键，切换至【工件坐标系设定】界面，按【↓】按钮，使黄色光标移动至 G54 坐标系的 X 坐标值处。

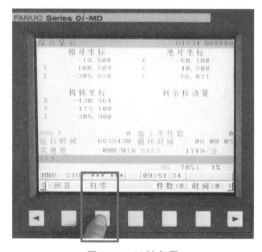

图 9-15　X 轴归零

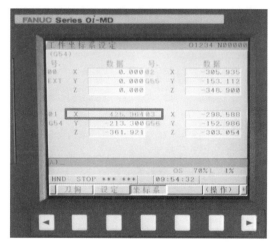

图 9-16　G54 坐标 X 值

第 5 步：如图 9-17 所示，在【工件坐标系设定】界面下，使用 MDI 键盘输入【X-5】，按【测量】软键。这样做是因为对刀时使用的刀具直径为 10mm，为了补偿刀具半径，需要输入【X-5】。测量完成后，当前点位机床坐标的 G54 坐标系的 X 坐标值为零。

2. Y 轴的分中找正

第 1 步：如图 9-18 所示，将铣刀运动至工件 Y 轴一侧，铣刀沿 Y 轴缓慢靠近工件，轻轻切削工件一层。

第 2 步：如图 9-19 所示，在【综合显示】界面下，使用 MDI 键盘输入 Y，按【归零】软键，即可将相对坐标归零。

第 3 步：如图 9-20 所示，依次按【SET】和【坐标系】软键，切换至【工件坐标系设定】界面。

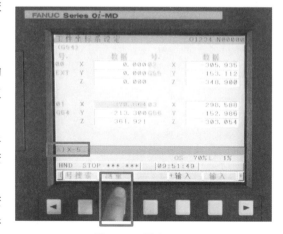

图 9-17　输入 X-5

第 4 步：如图 9-21 所示，在【工件坐标系设定】界面下，使用 MDI 键盘输入【Y-5】，按【测量】软键。这样做是因为对刀时使用的刀具直径为 10mm，为了补偿刀具半径，需要输入【Y-5】。测量完成后，当前点位机床坐标的 G54 坐标系的 Y 坐标值为零。

图 9-18 切削工件 Y 轴一侧

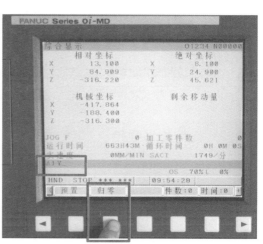

图 9-19 Y 轴归零

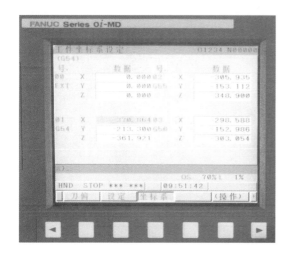

图 9-20 【工件坐标系设定】界面

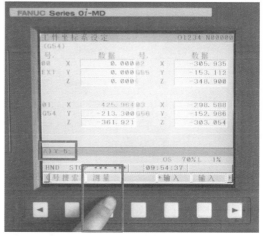

图 9-21 G54 坐标 Y 归零

3. Z 轴的分中找正

第 1 步：如图 9-22 所示，使用手轮先把刀具移至毛坯正上方，然后移动刀具缓慢靠近工件。

第 2 步：如图 9-23 所示，下移刀具至紧贴工件上表面。

第 3 步：如图 9-24 所示，依次按【SET】和【坐标系】软键，切换至【工件坐标系设定】界面，接着使用 MDI 键盘输入 Z0，按【测量】软键，即可完成 Z 轴坐标点的设定。

图 9-22　刀具靠近工件

图 9-23　刀具紧贴工件

9.6.2　传输加工程序

第1步：如图 9-25 所示，将机床模式旋钮调整至 DNC，进给倍率调整为 0，功能选择按【单步】按钮，【主轴倍率】旋钮旋至 100%，设置【快速倍率】为 F0。

第2步：如图 9-26 所示，在控制计算机上启动 CIMCO Edit v7.0 软件，单击按钮 ，单击【打开】按钮，打开经过后处理的 NC 程序文件。

打开 NC 文件后，软件界面如图 9-27 所示。

图 9-24　测量 Z 轴坐标值

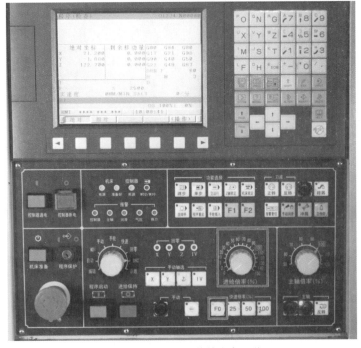

图 9-25　传输程序前的准备工作

图 9-26 CIMCO Edit v7.0 软件启动界面

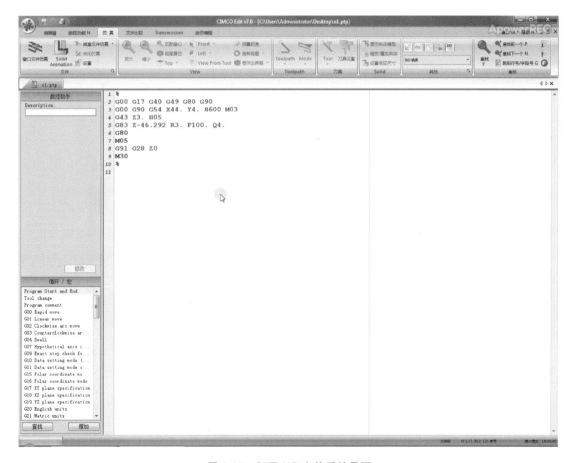

图 9-27 打开 NC 文件后的界面

第 3 步：如图 9-28 所示，依次单击【Transmission】选项卡下的【发送 S】按钮，软件将会弹出图 9-29 所示的对话框。

第 4 步：在机床控制面板，按【程序启动】按钮，机床将会开始接收程序，显示屏的显示如图 9-30 所示。

图 9-28 单击【发送 S】按钮

图 9-29 【发送状态】对话框

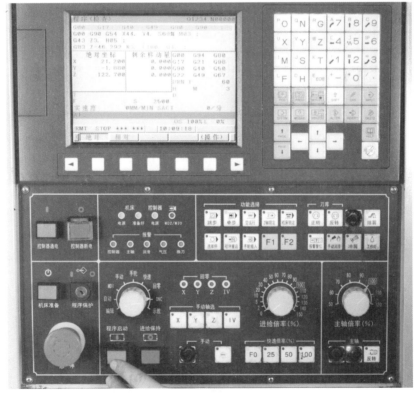

图 9-30 按【程序启动】按钮

9.6.3　工序一加工完成效果

完成了程序传输、换刀、确定加工坐标等操作后，在进行数控加工时，首先需要将进给倍率和快速倍率调至最低。在进行切削时，密切关注工件的情况。只有在确认加工程序无误、加工正常后，才可将参数调回正常值。

1. 注意事项

工序一是对吹气孔进行钻孔加工，程序传输完成后，通过机床面板控制机床启动加工，在进行加工时，需要注意以下注意事项：

1）机床开始加工第一段程序时，需要调低进给倍率和快速倍率，观察机床的运动情况，避免出现撞刀的情况。

2）确认机床正常工作后，即可将进给倍率和快速倍率调回正常值。

3）比赛时提供的毛坯为 7075 铝合金，加工时，需要开启机床切削液的开关，使用切削液对刀具和毛坯进行冷却和润滑。

4）加工时需要留意各个工步加工时所用刀具是否正确。

2. 加工完成效果

操作机床依次进行传输程序→试加工→加工，完成工序一的加工后，工件效果如图 9-31 所示。

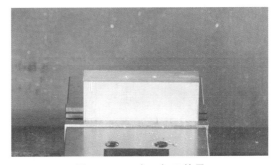

图 9-31　工序一加工效果

任务 9.7　工序二的加工

工序二的加工步骤：装夹工件、分中找正、传输加工程序、加工（按需更换不同刀具），该工序加工步骤与前面工序是一致的，因此这里仅讲解一些不同点及注意事项。

9.7.1　工序二的分中找正

本工序的分中找正是采用试切法进行分中找正，其中 X 轴和 Y 轴的分中找正方法是一致的，Z 轴的分中找正方法与 X 轴和 Y 轴相比略有不同。

1. X 轴、Y 轴分中找正

由于 X 轴、Y 轴的分中找正的操作是一致的，所以这里仅讲解 Y 轴的分中找正操作，X 轴分中找正操作参照下面讲解的 Y 轴对刀操作即可。

第 1 步：如图 9-32 所示，使用机床面板控制主轴正转，使用手轮将机床主轴移动至工件附近，缓慢靠近工件，使铣刀切削去除工件表面一点材料。

第 2 步：如图 9-33 所示，按 MDI 键盘

图 9-32　工序二的对刀

上的【POS】按钮，进入【综合显示】界面，输入 Y，按【归零】软键将相对坐标的 Y 轴归零。

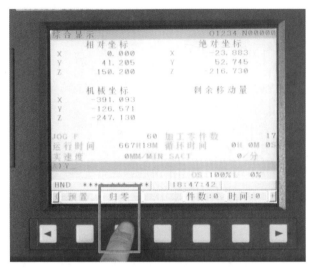

图 9-33   Y 轴归零

第 3 步：如图 9-34 所示，使用手轮将机床主轴移动至工件另一侧，缓慢靠近工件，使铣刀切削去除工件表面一点材料。

图 9-34   Y 轴对刀

第 4 步：如图 9-35 所示，将相对坐标的 Y 值除以 2，接着使用手轮移动至该坐标处，按 MDI 键盘上的【POS】按钮，进入【综合显示】界面，输入 Y，按【归零】软键将相对坐标的 Y 轴归零。

第 5 步：如图 9-36 所示，按 MDI 键盘上的【SET】按钮，使用 MDI 键盘输入 Y0，按【测量】软键，即可完成 Y 轴的分中找正。

完成 Y 轴分中找正后，可使用同样的操作方法进行 X 轴分中找正，这里就不多赘述了。

2. Z 轴分中找正

该工序的 Z 轴分中找正与工序一的 Z 轴分中找正操作基本一致，可采用工序一的 Z 轴

图 9-35　Y 轴归零

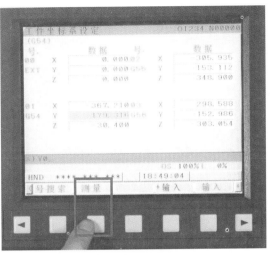

图 9-36　Y 轴测量

分中找正的方法。

第 1 步：换上 1 号平铣刀，把平铣刀移至工件上方，使用手轮将机床主轴移动至工件附近，缓慢靠近工件，使铣刀切削去除工件一点材料。

第 2 步：按 MDI 键盘上的【POS】按钮，进入【综合显示】界面，查看此时的 Z 轴坐标值 Z0。

第 3 步：依次按【SET】和【坐标系】软键，切换至【工件坐标系设定】界面，按【↓】按钮使黄色光标移动至 G54 坐标系的 Z 坐标值处，输入 $\Delta Z = Z1 - Z0$，其中，Z1 为前面 "9.5.2 建立刀具补偿操作" 中进行 Z 轴对刀中所得的 1 号刀具的 Z 轴补偿值，Z0 为前一步所得坐标值。

9.7.2　工序二加工完成效果

操作机床依次进行传输加工程序→试加工→加工，完成工序二的加工后，工件效果如图 9-37 所示。

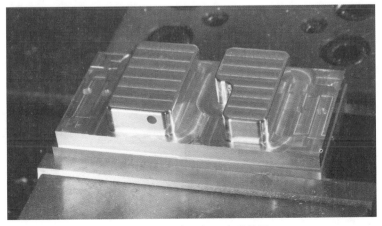

图 9-37　工序二加工完成效果

任务9.8 工序三的加工

9.8.1 工序三的对刀

1. X 轴、Y 轴的分中找正

X 轴、Y 轴的分中找正是采用杠杆百分表打表的方法进行的，且 X 轴、Y 轴的对刀操作是一致的，因此这里仅讲解 X 轴的分中找正操作，Y 轴的分中找正操作参照下面讲解的 X 轴的分中找正操作即可。

第1步：如图9-38所示，将杠杆百分表通过刀柄或磁性表座安装在机床主轴上。

第2步：如图9-39所示，使用手轮控制主轴运动到工件的一侧，并缓慢靠近工件。在缓慢靠近工件的同时转动主轴，当观察到百分表指针跳动的最大的数值为20时，将机床的相对坐标清零。百分表指针跳动的最大的数值可根据实际需求确定，大小应适中，过大或过小都影响观察。

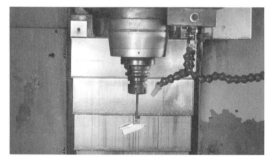

图 9-38 杠杆百分表在机床主轴上

图 9-39 使用百分表进行对刀

第3步：如图9-40所示，使用手轮控制主轴运动到工件的另一侧，并缓慢靠近工件。在缓慢靠近工件的同时转动主轴，当观察到百分表指针跳动的最大的数值为20时，将相对坐标中的 X 值除以2，得出工件 X 轴的中点。

第4步：使用手轮移动机床主轴至该坐标处，按 MDI 键盘上的【POS】按钮，进入【综合显示】界面，输入 X，按【归零】软键将相对坐标的 X 轴归零。

第5步：按 MDI 键盘上的【SET】按钮，使用 MDI 键盘输入 X0，按【测量】软键，即可完成 X 轴的分中找正。

图 9-40 得出 X 轴中点时百分表的显示

2. Z 轴的分中找正

第1步：换上1号平铣刀，主轴正转，使用手轮控制机床，在顶面铣出用于测量工件厚度的一小块平面。切削完成后，Z 轴不动，将铣刀退出工件。按 MDI 键盘上的【POS】按钮，进入【综合显示】界面，输入 Z，按【归零】软键将相对坐标的 Z 轴归零。同时记下此时的 Z 轴坐标值 Z0。

第 2 步：如图 9-41 所示，依次按【SET】和【坐标系】，切换至【工件坐标系设定】界面，按【↓】按钮使黄色光标移动至 G54 坐标系的 Z 坐标值处，输入 $\Delta Z = Z1 - Z0$，其中，Z1 为 "9.5.2 建立刀具补偿操作" 中所得的 1 号刀具的 Z 轴补偿值，Z0 为前一步所得坐标值。

图 9-41 【工件坐标系设定】界面

第 3 步：如图 9-42 所示，测量工件厚度，从游标卡尺的读数可知为 17.6mm。编程时，测量工件模型上部分厚度为 13mm（图 9-43），因此工序三中多出了 4.6mm 厚度的材料。在前面测定的数值基础上，还需向下偏移 4.6mm。

图 9-42 实际工件厚度

图 9-43 软件中工件厚度

第 4 步：如图 9-44 所示，按 MDI 键盘上的【SET】按钮，再按 MDI 键盘的方向键，将光标移动至 G54 坐标系的 Z 轴处。使用 MDI 键盘输入 -4.6。按【测量】和【+输入】软键,即可完成输入。

9.8.2 工序三加工完成效果

操作机床依次进行传输加工程序→试加工→加工,完成工序三的加工后,工件效果如图 9-45 所示。

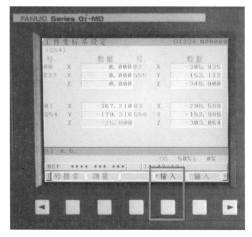

图 9-44 输入 Z 偏置值

图 9-45 工序三加工完成的效果

任务 9.9 零件加工完成后的处理

设计手指 1 和设计手指 2 完成数控加工后,第二阶段的赛项任务书要求是:设计手指 1 和设计手指 2 需要进行装配和运行验证。因此,侧面的快接头螺纹孔需要使用丝锥加工用于装配气管快接头的螺纹,如图 9-46 所示。

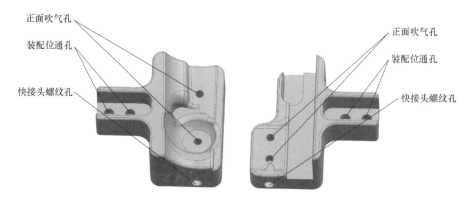

图 9-46 设计手指的螺纹孔类特征

设计手指 1 和设计手指 2 完成数控加工之后,边角可能存在毛刺或飞边,需要使用油石对边角进行打磨,去除飞边或毛刺。在该赛项的第二阶段的比赛过程中,比赛时间比较紧凑的，为了节省比赛时间，在进行数控加工的过程中，往往不对零件的圆角进行加工。一些需要工艺圆角的部位一般是在完成数控加工之后，使用油石进行打磨，加工工艺圆角。

任务 9.10 零件的提交

装配后，将样件放回给定工具盒中。提醒：盒中的所有物品不准标记任何文字、记号、图案等标记。

项目10　装配验证

 学习目标

知识目标:

1. 了解数控铣床的机构、组成及相互之间的运动关系

2. 了解数控铣刀的类别、使用场合及切削参数

3. 掌握数控铣削加工的各类辅助工具的使用方法

4. 掌握数控铣床的规范操作

5. 掌握机床常见报警的处理方法

技能目标:

1. 能根据工序卡片,选择合适的刀具进行安装和加工

2. 能根据工序卡片,合理安装毛坯并找正加工坐标系

3. 能正确使用游标卡尺和千分尺对零件进行检测

4. 能正确使用杠杆百分表/光电寻边器对工件进行找正

5. 能正确使用Z轴对刀仪建立刀具长度补偿刀库

6. 能根据工序卡片,选择合适的转速和进给速度完成零件的加工

素质目标:

1. 培养学生协同合作的团队精神,能与团队成员协作,共同完成任务

2. 培养学生树立正确、高尚的职业道德、人生观、价值观

3. 培养学生实事求是、求真务实、开拓创新的科学精神和好奇心,尊重实证,批判地思考、灵活性解决问题、对变化世界有敏感的科学态度

思政目标:

1. 具备有条不紊、随机应变、临危不乱的能力,能够协助他人完成任务

2. 具备敬业、精益、专注、创新的工匠精神

设计手指1和设计手指2使用数控机床加工完成后,需要进行装配验证,即将设计手指1和设计手指2与手指气缸使用螺栓进行装配。装配完成后,还需要对设计手指1和设计手指2对点火开关支架的夹持能力进行验证。

先将设计手指1、设计手指2和手指气缸使用螺栓进行连接,如图10-1所示。

如图 10-2 所示，完成连接后，使用比赛时提供的点火开关支架进行手动夹持，并依据裁判指令完成相应动作。

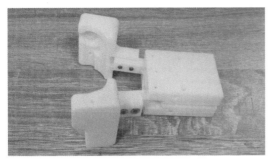

图 10-1　装配完成的效果

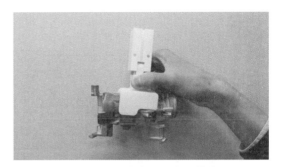

图 10-2　夹持点火开关支架的效果

项目11 逆向建模部分赛题点评

 学习目标

知识目标：

1. 了解逆向建模阶段、三维建模阶段的各项评分指标的评分细节
2. 掌握根据评分细节调整比赛策略的方法

技能目标：

能够根据逆向建模阶段、三维建模阶段的各项评分细节调整比赛策略

素质目标：

1. 培养学生协同合作的团队精神，能与团队成员协作，共同完成任务
2. 培养学生树立正确、高尚的职业道德、人生观和价值观
3. 培养学生实事求是、求真务实、开拓创新的科学精神和好奇心，尊重实证，批判地思考，灵活性解决问题、对变化世界有敏感的科学态度

思政目标：

1. 具备有条不紊、随机应变、临危不乱的能力，能够协助他人完成任务
2. 具备敬业、精益、专注、创新的工匠精神

任务 11.1 三维数据采集阶段点评

表 11-1 为比赛过程中三维数据采集阶段的操作评分表，内容主要包含：扫描仪采集系统调整，主体完整性与处理效果，局部特征完整性与处理效果，细节特征完整性与处理效果指标，总分为 20 分。

表 11-1 三维数据采集阶段的操作评分表

指标	扫描仪采集系统调整	主体完整性与处理效果	局部特征完整性与处理效果	细节特征完整性与处理效果
分值	5	5	5	5

下面详细阐述各个指标的得分要点。

11.1.1　扫描仪采集系统调整

"扫描仪采集系统调整"指标分值为 5 分。该指标评定是根据赛题任务书中任务一要求："选手自行认定至三维扫描仪'标定成功'状态，并将该状态截屏保存"的选手提交的截屏图来进行判定的。截屏图示例如图 11-1 所示，图中方框所示的数值为该项指标的评分依据。

Win3DD 扫描系统标定正常时其标准为："标定结果平均误差"的数值为 0.02~0.04mm。选手完成扫描系统标定时，"标定结果平均误差"的数值应为 0.02~0.04mm。

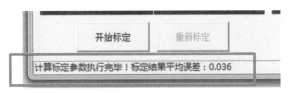

图 11-1　标定成功的截屏图示例

评分时，扫描仪采集系统调整的具体分值依据选手提交的截屏图中"标定结果平均误差"的数值大小给出，具体评定方法是将所有参赛选手提交的截屏图中"标定结果平均误差"的数值由小到大排序，数值越小，分数越高。

当选手提交的截屏图中"标定结果平均误差"的数值大于 0.1mm 时，"扫描仪采集系统调整"这一项指标基本不得分。

> **建议**：比赛开始时，扫描系统标定完成且"标定结果平均误差"的数值为 0.02~0.04mm 时，是最理想的扫描状态，应立即开始进行扫描。若在完成比赛其他项目后仍有富裕时间，可重新进行扫描系统标定，减小"标定结果平均误差"的数值。

11.1.2　主体完整性与处理效果

"主体完整性与处理效果"的指标分值为 5 分。该项指标评分可分为"主体完整性""处理效果"两部分进行评价。在"主体完整性"的评分中，评分标准为查看扫描所得数据是否存在特征点云缺损，缺损越多，扣分越重。

在"处理效果"评分中，评分标准为点云数据经处理后的面片是否存在表面缺损或有多余的面片，缺损或多余的面片越多，扣分越重。

以点火开关支架扫描所得数据为例，在"主体完整性"评价方面，可将点火开关支架分为上、下两部分观察。评分时，分别对上、下两部分的扫描数据进行检查，检查内容为特征的缺损数量、特征的缺损情况、对建模的影响程度，缺损的数量越多，扣分越多。若缺损部分的特征直接影响到了建模，则加重扣分；若整体缺损的特征并不影响后期建模，则酌情减少扣分或不扣分。

例如图 11-2 所示方框内的缺损，其面积不大且对后期逆向建模基本没有影响，在综合考虑该项指标的得分时，可将指标扣分酌情减少，约为 0.5 分。

例如图 11-3 所示方框内的内孔特征缺损，其面积较大且内孔内部特征完全缺失，对后期逆向建模产生较大影响，在综合考虑该项指标的得分时，加重扣分，约为 1.5 分。

例如图 11-4 所示方框内的特征缺损较为严重，面积较大导致该处特征完全缺失，对后期逆向建模产生较大影响，在综合考虑该项指标的得分时，扣分约为 1.5 分。

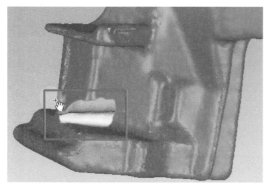

图 11-2　破损的特征

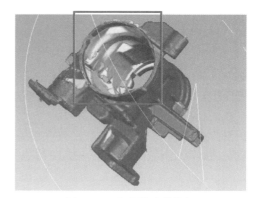

图 11-3　大孔的破损特征

以点火开关支架扫描所得数据为例，在"处理效果"评价方面，评分时对处理完成的面片进行检查，根据表面的缺陷数量进行扣分。常见的表面处理缺陷有面片重叠和钉状物等。

例如图 11-5 所示方框内的面片存在重叠缺陷，面积较大，在综合考虑该项指标的得分时，扣分约为 0.5 分。

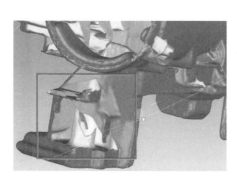

图 11-4　脚部的破损

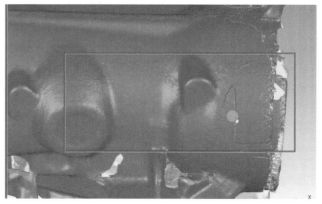

图 11-5　面片重叠

在"主体完整性与处理效果"指标评分方面应注意以下事项：

1）在扫描过程中，要及时观察扫描数据是否存在重叠等问题，若有出现，则需要及时通过删除问题数据并重新扫描获取等方法处理。

2）扫描时，扫描数据可以有细小缺损，但数据缺损量应尽量避免影响到后期逆向建模。

3）所有点云均需进行表面处理，如删除钉状物、处理重叠的数据等。

11.1.3　局部特征完整性与处理效果

"局部特征完整性与处理效果"指标分值为 5 分。该项指标的评分对象是点火开关支架上除主体特征外的较大特征及较重要特征。如点火开关支架上部左右两侧的内孔、正面左侧拉伸体、正面回转凸台等，如图 11-6 所示。

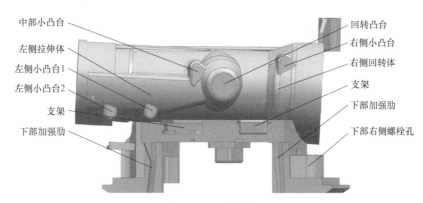

中部小凸台
左侧拉伸体
左侧小凸台1
左侧小凸台2
支架
下部加强肋

回转凸台
右侧小凸台
右侧回转体
支架
下部加强肋
下部右侧螺栓孔

图 11-6　正面特征

"局部特征完整性与处理效果"指标的评分也可分为"局部特征完整性""处理效果"两个部分。

"局部特征完整性"部分的评分标准是针对点火开关支架上除主体特征外的较大特征及较重要特征进行检查，检查内容为特征的缺损数量、特征的缺损情况、对建模的影响程度。缺损的数量越多，扣分越多。若缺损部分的特征直接影响到了建模，则加重扣分；若整体缺损的特征并不影响后期建模，则酌情减少扣分或不扣分。

在"处理效果"评价方面，评分时对处理完成的面片进行检查，根据表面的缺陷数量扣分。常见的表面处理缺陷有面片重叠和钉状物等。

例如图 11-7 所示方框内的左侧拉伸体正面特征，特征扫描所得数据完整，且表面无任何缺陷，故该处特征得满分。

例如图 11-8 所示方框内的点云数据，特征为不通孔。由于图中的点云数据满足该孔特征的逆向建模要求，虽有一些部位的点云数据缺失，但是不影响后期逆向建模，所以该处缺损不会因为完整性的缺失而扣除过多的分值。

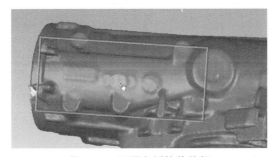

图 11-7　正面左侧拉伸特征

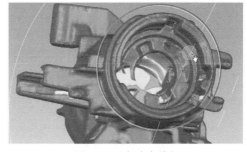

图 11-8　小孔内特征

在"局部特征完整性与处理效果"指标评分方面应注意以下事项：

1）扫描顺序：首先完成主体特征的扫描，接着对局部特征进行扫描，最后对细节特征扫描。

2）扫描局部特征时，获取点云数据至少应以满足后续逆向建模为基本要求。

3）三维扫描时，重点是主体特征与局部特征的扫描，要尽可能保证这两部分的扫描数据完整。

11.1.4　细节特征完整性与处理效果

"细节特征完整性与处理效果"指标分值为 5 分。该项指标的评分对象是排除了主体特征、局部特征之后的一些较小特征。如点火开关支架上的各种小凸台、较小的加强肋等，即为细节特征。

"细节特征完整性与处理效果"指标的评分同样可分为"细节特征完整性""处理效果"两部分。

"细节特征完整性"部分的评分原则：特征的扫描数据存在缺陷且影响该特征的逆向建模是需要扣分的。具体计算原则如下（仅供参考）：

$$该项指标得分="细节特征完整性与处理效果"指标分值-\frac{存在缺陷的特征数}{细节特征总数}$$

在"细节特征完整性与处理效果"指标方面有以下注意事项。

1）特征的扫描数据存在小缺陷但是不影响建模时，小缺陷不作为扣分依据，不应过分苛求。

2）特征的某些面由于处于死角位置（图 11-9），三维扫描仪无法扫得点云数据，死角位置的点云数据缺失也不作为扣分的依据。

3）在进行细节特征的扫描与点云处理时，如果发现某些细节特征存在部分扫描数据的缺失，则应及时对缺失的位置进行补充扫描与数据拼接处理。

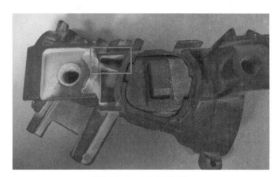

图 11-9　死角位置

4）除了对存在扫描数据缺部位进行补充扫描和数据拼接处理外，还可以对类似图 11-10 所示方框中的面片漏洞进行补洞处理（图 11-11），但是补洞结果不应使周围和缺失部位有明显的变化。如果使缺失部位或其周围的面片有明显变化，则该操作是有害的。对于这种情况，只能采用补充扫描和数据拼接的方法进行处理。

图 11-10　缺失面片的位置

图 11-11　补洞处理

任务 11.2　三维建模阶段点评

表 11-2 为三维建模阶段的评分指标与分值分配逆向建模部分的总分值为 25 分。主要指

标有"数据定位合理性""模型特征的完成度""特征拆分合理性""特征完成精确度""关键特征精度""数字模型对比（报告）"。其中，"模型特征的完成度"指标所占分值最高，为 6 分。

表 11-2　三维建模阶段的评分指标与分值分配

指标	数据定位的合理性	模型特征的完整度	特征拆分合理性	特征完成精确度	关键特征精度	数字模型对比报告
分值	3	6	5	5	3	3

11.2.1　数据定位的合理性

"数据定位的合理性"指标分值为 3 分。该项指标主要评价点火开关支架在逆向建模中坐标系的选择和坐标平面的选择是否合理。其重点是确立的坐标平面不应选择在未加工表面。

在对点火开关支架外形进行分析过程中，可得到：确定其 XY 平面时，有两种不同的选择结果，一个是图 11-12 所示红色高亮面所在位置，另一个是黄色框所在平面位置。

如图 11-12 所示，最符合要求的 XY 平面应选择在黄色框所选位置。原因是红色高亮面所在位置为铸件未加工表面，表面较粗糙、尺寸精度较低且可能存在飞边等缺陷，影响表面的平整度。

而 XZ 平面同样有两种方案可供选择，一种是通过图 11-13 所示蓝色箭头所指的两个孔的圆心作一条直线，再与 XY 平面正交所作出的 XZ 平面。另一种是上部主体的回转轴（图 11-13 所示黄色线）与 XY 平面正交的平面作为 XZ 平面。由于蓝色箭头所指的两个孔为螺纹孔，孔的精度相对上部主体回转轴的精度差很多，所以后一种选择更为合理。

图 11-12　基准平面

图 11-13　主体回转轴

通过以上两种方案选定 XY 平面、XZ 平面基本可以不失分。如果需要达到更完美的效果，确保完全得分，则可以利用上部主体特征的边界使坐标原点的位置落在零件的中间位置。

11.2.2　模型特征的完整度

"模型特征的完整度"指标分值为 6 分，该项指标的评分，主要评价点火开关支架造型分为上模型特征部分和下模型特征部分，在此基础上具体确认模型特征总数。评分时，根据点火开关支架的模型特征特点和模型特征总数，进行各模型细节特征的分数分配。针对选手完成的模型细节特征数量及分数分配进行累加，得出该选手的此项总得分。

"模型特征的完整度"为三维建模阶段分值分配最高的指标，说明比赛在三维建模阶段的评分重点是选手能否将模型尽可能完整地建立出来，并充分体现建模的准确度，比赛时需要注意以下几个方面：

1）如图 11-14 所示方框内的特征，看似是两个特征，但由于它是由一个特征镜像而得来的，在评分时按照一个特征予以评分。

2）对于一些特征因扫描所获点云数据数量不足，难以满足三维建模的要求，而导致建模特征无法实现。在时间不够充足的情况下，为保证后续操作继续得分，选手可适当舍弃该得分点，对存在问题的特征做平顺处理，以保证后续工序继续进行。

3）如图 11-15 所示方框内的特征，在实际加工过程中为模具的顶针位，它并不是通过建模生成的，故在评分时一般都会将其忽略。

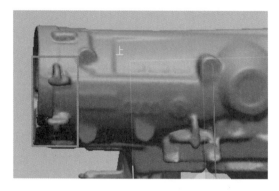

图 11-14　镜像的特征

图 11-15　顶针位

4）由于比赛时间紧张，在评分时，各个部分面与面之间的连接关系要求相对来说不是评分重点，对相对位置精度的要求赋分不大。因此，选手在分工时应讲究技巧，将建模的任务分至两位选手共同完成，其中相对建模能力较弱的选手负责较少或没有曲面部分模型的建模，相对建模能力较强的选手负责较多曲面部分模型的建模，最后再将二位选手所建立模型合并在一起，以提高建模效率，争取更高分数。

5）选手在比赛时，应尽可能地将所有可能考核的模型特征建模出来。建模过程中，应该首先保证将模型特征建模出来，再来考虑模型精度的问题。

6）模型存在过渡曲面的部位，考虑采用倒圆角等方法做出来，通过采用大圆角过渡，使过渡面更饱满。

7）特征建模顺序：由易到难，由简单到复杂。

8）建模方法应尽量简洁，减少无用操作。

11.2.3　特征拆分合理性

该项指标分值为 5 分。由于该点火开关支架的模型比较标准，所以它的特征拆分也比较容易，根据各个特征相交的界线直接可以将各个特征拆分出来。点火开关支架的特征拆分如图 11-16~图 11-19 所示。

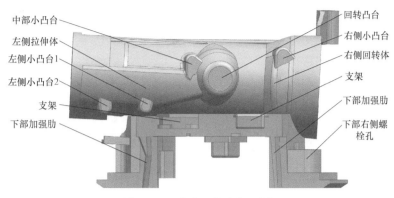

中部小凸台
左侧拉伸体
左侧小凸台1
左侧小凸台2
支架
下部加强肋

回转凸台
右侧小凸台
右侧回转体
支架
下部加强肋
下部右侧螺栓孔

图 11-16　点火开关支架正面

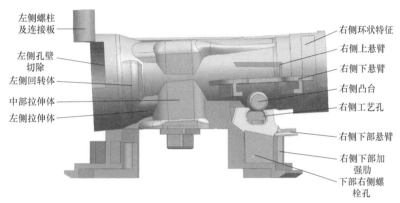

左侧螺柱及连接板
左侧孔壁切除
左侧回转体
中部拉伸体
左侧拉伸体

右侧环状特征
右侧上悬臂
右侧下悬臂
右侧凸台
右侧工艺孔
右侧下部悬臂
右侧下部加强肋
下部右侧螺栓孔

图 11-17　点火开关支架反面

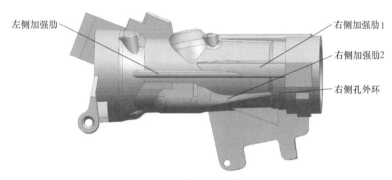

左侧加强肋

右侧加强肋1
右侧加强肋2
右侧孔外环

图 11-18　点火开关支架顶面

在"特征拆分合理性"指标的评分中,选手只要清晰、合理地将各个特征建模出来,"特征拆分合理性"这一项指标基本可以不失分。为了尽可能得分,应按照各特征所处准确位置尽可能多的将特征建模出来。这在时间明显不够完成相关操作的情况下,尤为重要。

由于点火开关支架下半部分特征较多,所以此部分在"特征拆分合理性"指标中占分也是较高的。为了在此项中获得更高的分数,对该部分进行建模时,应尽可能选用速度快的建模方法,例如使用【基础实体】命令等,这和是否完美体现特征形状的得分并不冲突,

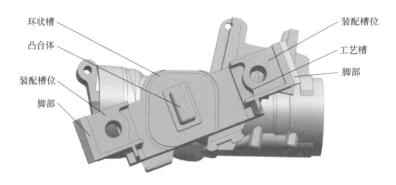

图 11-19　点火开关支架底面

因为完美体现特征主要通过"特征完成精确度"指标得分。

11.2.4　特征完成精确度

该指标分值为 5 分。该项指标的评分主要依照两种方式：

第一种方式，评分时通过 Geomagic Design X 软件中的【体偏差】命令对"特征拆分合理性"指标中拆分出的每一个特征进行分析，检查拆分出的特征的完成精度是否在赛题的要求范围内，并根据具体要求酌情给每个特征进行打分。

如图 11-20 所示，根据色谱颜色分析结果，绿色的面为符合偏差要求的面，其他颜色的面，颜色越深偏差越大，评分时依据各种颜色的面的比例情况酌情评分。

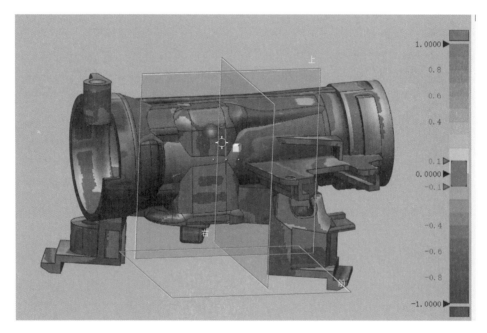

图 11-20　特征完成精确度分析结果

第二种方式，评分时直接使用选手创建的特征完成精度分析指标（图 11-21），3D 比较"公差内"分析结果，其得分计算方法如下：

该项指标得分=“公差内”分析结果(%)×“特征完成精确度”分值

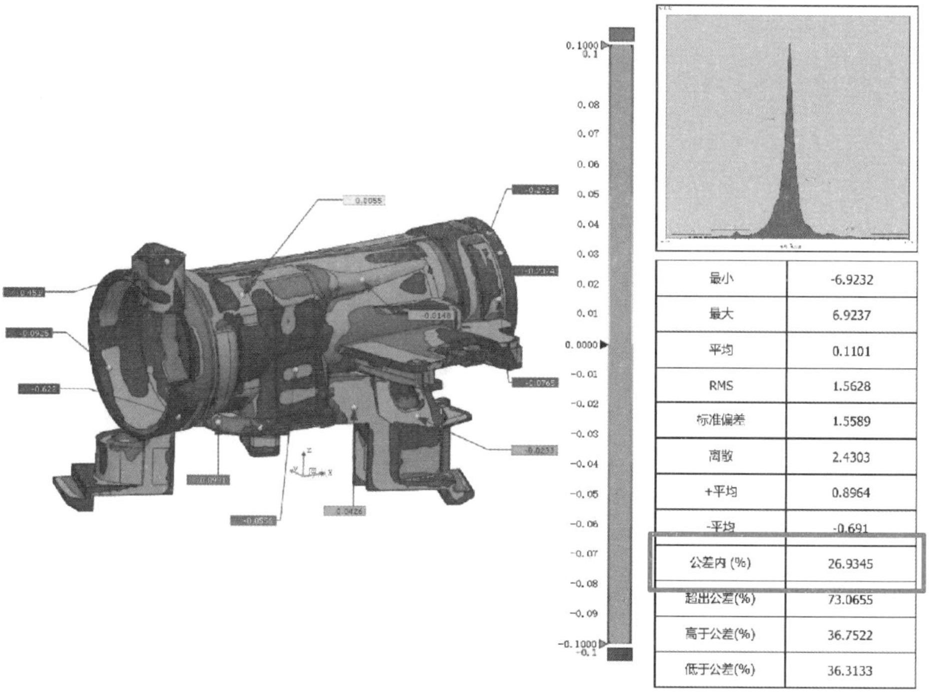
0.1000
0.08
0.07
0.06
0.05
0.04
0.03
0.02
0.01
0.0000
-0.01
-0.02
-0.03
-0.04
-0.05
-0.06
-0.07
-0.08
-0.09
-0.1000
最小 -6.9232
最大 6.9237
平均 0.1101
RMS 1.5628
标准偏差 1.5589
离散 2.4303
+平均 0.8964
-平均 -0.691
公差内(%) 26.9345
超出公差(%) 73.0655
高于公差(%) 36.7522
低于公差(%) 36.3133

图 11-21　特征完成精确度分析指标

基于“特征完成精确度”指标，结合点火开关支架的零件特点，选手在比赛时有以下几点需要特别注意：

1）在进行三维建模时，除了保证特征建模的完成度，可采用在完成每一个特征的建模后，采用【体偏差】命令进行特征精度分析，确保建模的每一个特征的偏差在评分标准范围内。

2）对特征的偏差控制应在每一步特征操作之后进行特征精度分析，而不应放在整体建模完成之后，避免因时间不够充足，造成特征精度分析无法完成，最终导致严重的失分。

3）赛题中精确度的评分标准大致为：将选手创建的模型与扫描三维模型各面数据进行比对，平均误差应小于 0.08mm，若平均误差大于 0.20mm，则不得分，中间状态酌情给分。由于点火开关支架为铸造件，只有配合面、螺纹孔等位置进行机加工，并且产品特征较复杂，所以相应地对点火开关支架的精确度评分标准不会太高，选手创建的模型与扫描三维模型的偏差小于±0.1mm 时基本不会失分，偏差范围在±0.1～±0.2mm 时，将会根据偏差的大小酌情扣分。

4）由于点火开关支架零件复杂、特征多，所以“特征完成精确度”这项指标是难以不失分的。

11.2.5　关键特征精度

该项指标分值为 3 分，通过对点火开关支架的分析，结合“关键特征精度”指标分值，大致可推断出点火开关支架的关键特征为正面回转凸台、正面左侧拉伸体、顶面所有加强肋、各种回转体、反面左侧的拉伸体、中部拉伸体特征。"关键特征精度"指标得分的具体计算方法如下：

$$单个关键特征分值 = \frac{"关键特征精度"指标分值}{关键特征数}$$

$$单个关键特征得分 = 单个关键特征分值 \times 关键特征完成度(\%)$$

$$该指标得分 = \sum 单个关键特征得分$$

评分时，使用【体偏差】命令进行色谱图分析，针对每个关键特征的色谱图，若某一关键特征的偏差在±0.08mm之内，则不扣分；反之，则依据不在范围之内的面积占比酌情扣分。

例如，图11-22所示方框内的反面左侧拉伸体特征，根据其云图可以得知该特征大部分偏差大于±0.08mm，但是小于±0.2mm，综合考虑该特征在该项指标上的得分为0.4~0.5分。

图 11-22　关键特征精确度

例如，图11-23所示圆圈内的正面回转凸台特征，根据其云图可以得知该特征大部分偏差小于±0.08mm，综合考虑该特征在该项指标上的得分为0.8分。

例如，图11-24所示方框内的顶部加强肋特征，根据其云图可以得知该特征大部分偏差小于±0.08mm，综合考虑该特征在该项指标上的得分为0.9分。

例如，图11-25所示方框内的反面左侧拉伸体和反面左侧回转体特征，由于该处特征较小，所以合并计算。根据其云图可以得知该特征大部分偏差小于±0.08mm，综合考虑该特征在该项指标上的得分为0.9分。

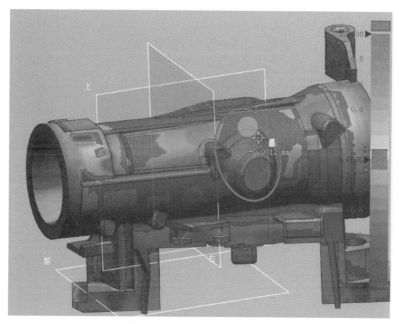

图 11-23　正面回转凸台特征

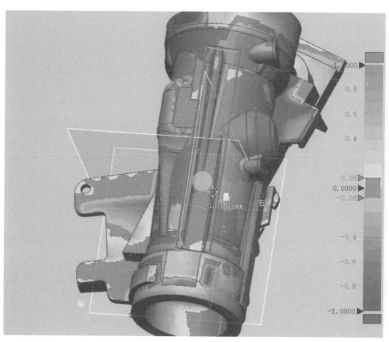

图 11-24　顶部加强肋特征

11.2.6　数字模型对比报告

该项指标分值为 3 分。一般来说，选手仅需使用 Geomagic Control X 软件，提交所建模型与扫描所得模型的数字对比报告，其内容包含：3D 比较（建模 STL 与逆向结果）、2D 比

图 11-25　左侧拉伸体和反面回转体特征

较（指定位置）及创建 2D 尺寸（指定位置并标注主要尺寸）即可。

对比报告中，3D 比较依照需求需要在上面增加比较点，没有特殊要求，选手可根据各自对赛题的理解进行添加比较点操作。2D 比较同样需要在结果中添加比较点，选手可根据各自对赛题的理解进行添加比较点操作。创建 2D 尺寸方面，没有位置等要求，所以选手标明零件的重要外形尺寸即可。

任务 11.3　竞 赛 心 得

"工业产品数字化设计与制造赛项"由两部分组成：前端的"数据采集再设计与创新"和后端的"数控加工"。两位选手团体参赛，在竞赛过程中主要考核选手对专业基本功的掌握与熟练程度，并对比赛期间选手之间的协调和配合能力也提出了要求。

其中，前端的"数据采集再设计与创新"阶段是这个比赛项目中对选手软件操作能力和设计能力的综合比拼的集中表现，也是各参赛队集训期间最重点关注和训练的内容。其竞赛内容包含了：三维扫描仪的调试与校正；三维数据采集；三维逆向建模；创新设计与对比报告。整个赛程用时 210min，时间相对较紧张，为了获得更好的比赛成绩，合理地进行时间分配尤为重要。

按照编者多年集训的经验，选手之间的工作分配建议如下：

1）竞赛开始时，选手 1 应马上略读试卷找到需要扫描的工件，选手 2 则开始检查赛程工具，包括扫描仪配件、计算机和其他辅件完好情况。

2) 选手1对需要扫描的工件进行前处理：喷粉、粘贴标志点和制订扫描工艺；选手2对扫描仪进行校正操作，并将校正成功画面截屏图保存。

3) 完成准备工作后，选手1进行三维数据采集；选手2进行试卷分析，找出创新部分要求及重难点，结合毛坯大小初定创新方案。

4) 完成三维数据采集后，选手1与选手2合作进行创新方案讨论和分工。分工内容包括：三维建模、创新设计和数控编程。

5) 分工完成后，选手1进行三维建模、出对比报告，其中与创新设计—零部件设计相关的部分应优先进行三维建模；选手2进行创新设计、编写创新说明与数控编程。

比赛评分是根据相关得分点评分的，所有的评分点都能拿到分非常困难。因此，在比赛过程中应懂得取舍，保证合理的时间去争取合理的得分点，遇到没有把握的部分，切记不要花费大量的时间去做。另外，比赛有很多的要求和规定，在比赛过程中，一定要按照比赛文件进行文件的存放与命名，并注意相关比赛细节，以及操作过程当中的职业规范，稍有失误，就容易造成不必要的失分。

项目12 数控加工部分赛题点评

 学习目标

知识目标：

1. 了解数控编程阶段、数控加工阶段的各项评分指标的评分细节
2. 掌握根据评分细节调整比赛策略的方法

技能目标：

能够根据数控编程阶段、数控加工阶段的各项评分细节调整比赛策略

素质目标：

1. 培养学生协同合作的团队精神，能与团队成员协作，共同完成任务
2. 培养学生树立正确、高尚的职业道德、人生观、价值观
3. 培养学生实事求是、求真务实、开拓创新的科学精神和好奇心，尊重实证、批判地思考，灵活性解决问题、对变化世界有敏感的科学态度

思政目标：

1. 具备有条不紊、随机应变、临危不乱的能力，能够协助他人完成任务
2. 具备敬业、精益、专注、创新的工匠精神

任务 12.1 数控编程阶段点评

数控编程的相关说明并未列明相关评分标准，在数控编程阶段，可以参照赛项规程中的"竞赛任务考核要点"，见表 12-1。

表 12-1 竞赛任务考核要点

任务	任务名称 （一级指标）	评分标准（二级指标）	配分
任务一	实物三维数据采集（20分）	扫描仪采集系统的调整	5 分
		正面主体完整性与处理效果	4 分
		正面局面特征完整性与处理效果	3 分
		反面主体完整性与处理效果	3 分

（续）

任务	任务名称 （一级指标）	评分标准（二级指标）	配分
任务一	实物三维数据采集（20分）	反面局面特征完整性与处理效果	2分
		圆角特征完整性与处理效果	3分
任务二	三维建模（25分）	数据定位合理性	2分
		数模整体完整性	5分
		分型线合理性	2分
		曲面拆分合理性	5分
		曲面光顺度	3分
		局面特征精度	5分
		装配特征的选取	3分
任务三	结构创新优化设计（25分）	外观创新设计	6分
		局面特征创新设计	6分
		人性化创新设计	5分
		数字模型对比报告	3分
		创新设计说明	5分
任务四	数控编程与加工（12分）	曲面尺寸精度	4分
		曲面加工质量	3分
		尺寸公差及配合	3分
		加工工艺文件完整性及合理性	2分
任务五	文明生产（8分）	操作设备规范性	3分
		工量具使用规范性	2分
		现场安全	2分
		文明生产	1分
任务六	样件装配验证（10分）	装配互换性验证	6分
		运行验证	4分

从任务四的评分标准可以看出，在数控编程过程中，需要特别关注的是"曲面尺寸精度""曲面加工质量""尺寸公差及配合""加工工艺文件完整性及合理性"几项指标。下面将阐述以上几项指标在数控编程过程中的得分要点。

12.1.1 曲面尺寸精度和曲面加工质量

以表12-1中的内容，这两项指标总分为7分。但是这两项指标的评分是根据数控加工完成后的零件进行评定的，并不进行单独的评分，但数控编程与数控加工是紧密相连的，合理的数控程序是良好的加工质量的必要保证。

曲面加工方面的尺寸精度在数控编程方面，主要是通过优化曲面精加工的程序参数、曲面清根加工的参数和使用合适直径的球头铣刀来实现曲面尺寸精度的提升。曲面加工质量在数控编程方面，则是通过优化曲面精加工的程序参数和使用合适直径的球头铣刀来降低曲面粗糙度值，一般情况选择 R3mm 或 R4mm 的球头铣刀进行曲面精加工，可以获得较为良好的曲面尺寸精度和表面质量。

以设计手指 1 和设计手指 2 的曲面精加工程序为例。在设计手指 1 和设计手指 2 的编程中，选用了 R4mm 的球头铣刀进行曲面精加工，采用的加工方法为固定轮廓铣，选用了 R2mm 的球头铣刀进行曲面清根加工，采用的清根加工方法为多刀路清根。

在曲面精加工中，影响曲面尺寸精度和曲面加工质量的参数有主轴转速、进给率、切削的步距。主轴转速、进给率这两项参数，需要根据所购买的刀具的说明中的切削参数表进行试验确定，在曲面精加工中选用的主轴转速是 7500r/min 进给率为 2500mm/min。本程序的编程中，选用的步距为 0.15mm。如选用其他直径的球头铣刀，可参照表 12-2 中的内容进行试验确定该参数的具体数值。

表 12-2 球头铣刀直径及步距

球头刀直径/mm	步距/mm	球头刀直径/mm	步距/mm
ϕ2	0.05 ~ 0.1	ϕ6	0.1 ~ 0.2
ϕ4	0.1 ~ 0.15	ϕ8	0.15 ~ 0.25

清根加工主要影响曲面尺寸精度，与其相关的工艺参数有主轴转速、进给率、切削的步距。主轴转速、进给率这两项参数，需要根据所购买的刀具的说明中的切削参数表进行试验确定，步距可参照表 12-2 中的参数进行试验确定。在清根加工中选用的主轴转速是 8000r/min，进给率为 1500mm/min，选用的步距为 0.15mm。

12.1.2 尺寸公差及配合

尺寸公差及配合指标在表 12-1 中的分值为 3 分。本书对设计手指 1 和设计手指 2 进行数控加工，涉及"尺寸公差及配合"指标的主要特征是设计手指 1 和设计手指 2 两侧的装配 U 形槽。

在第二阶段的比赛过程中，由于不允许修改数控加工程序，所以，在第一阶段的数控编程过程中，需要通过编写多个不同余量的精加工程序，供数控加工阶段选用，以保证数控加工阶段完成后，如果 U 形槽的尺寸不对可以进行尺寸的修正。

12.1.3 加工工艺文件完整性及合理性

"加工工艺文件完整性及合理性"指标在表 12-1 中的分值为 2 分。一般而言，选手只要能够完整、清晰地表达出对所加工零件的数控编程的思路，且无原则性错误和低级错误，均可得分。

工艺文件的填写可以参考前面提供的填写样板，依据实际情况酌情进行修改。

任务 12.2 数控加工阶段点评

表 12-3 为"任务五、数控加工"的评分指标与分值分配，总分值为 12 分。主要指标有"零件完成度""表面粗糙度""吹气孔完成度""工艺文档完整性及合理性""成品重量"。

表 12-3 数控加工的评分指标与分值分配

指标	零件完成度	表面粗糙度	吹气孔完成度	工艺文档完整性及合理性	成品重量
分值	3	3	2	2	2

12.2.1 零件完成度

"零件完成度"指标分值为 3 分。该项指标主要从加工的零件与设计的零件图样的一致性方面评价。常见的失分点如下：

1）以设计手指 1 和设计手指 2 的加工为例，设计手指 1 和设计手指 2 在整个数控加工过程中有三道工序，需要进行三次定位装夹。因此，极容易出现加工坐标系翻转的情况，导致加工的零件与图样不符，从而失分。

针对该问题的解决办法：首先，在第一阶段的任务四中，编写工艺文件时，需要将工件的装夹步骤和装夹完成后的形态列明；其次，在进行每个工序的工步一加工时，需要将进给参数调至最低，观察铣刀进给是否正确。

2）在每道工序装夹工件之后进行分中找正时，由于分中找正时的误差较大而导致加工出来的工件出现特征错层等无法弥补的错误。

针对该问题的解决办法：首先，在进行分中找正时需要细心，避免失误；其次，在日常训练中，需要有针对性地进行训练。

3）比赛时加工的时间不足，无法完成零件的加工。

针对该问题的解决办法：通过降低耗时较长的工步的用时，如降低曲面精加工工步和曲面清根工步的步距来减少加工时间。

4）加工时出现"黏刀"等情况。

针对该问题的解决办法：降低进给率、开启切削液以冷却刀具等。

12.2.2 表面粗糙度

"表面粗糙度"指标分值为 3 分。该项指标针对零件表面粗糙度进行评定。评分时的标准：表面粗糙度值为 $Ra1.6\mu m$，平均误差小于 0.05mm 的面得分；平均误差大于 0.10mm 的面不得分，中间状态酌情给分；可以得分的面，表面粗糙度值为 $Ra3.2\mu m$ 或品相较差的面减半得分，表面粗糙度值为 $Ra6.3\mu m$ 或品相差的面得 1/4 的分数，表面粗糙度值低于 $Ra6.3\mu m$ 的面不得分。

在加工过程中，设计手指 1 和设计手指 2 的大部分面为平面，经过铣削加工，其表面粗糙值基本可以达到 $Ra1.6\mu m$，需要特别关注的是，设计手指 1 和设计手指 2 的正面曲面特征。

"表面粗糙度""零件完成度"指标在评分中是相对立的，降低表面粗糙度值意味着加工时间延长，有可能无法将零件的所有特征加工完毕。为了在有限的比赛时间内，尽可能取得较高的分数，应该在保证"零件完成度"指标得分的基础上，再考虑"表面粗糙度"指标的得分，即首先保证零件加工的完整度，再通过调整如步距等工艺参数，提高设计手指 1 和设计手指 2 正面曲面特征的表面质量。

12.2.3 吹气孔完成度

"吹气孔完成度"指标分值为 2 分，该项指标主要考察设计手指 1 和设计手指 2 侧面的进气孔与正面的出气孔可以连通，则可以得分。由于该项指标的评分标准要求并不高，所以在比赛中该项指标属于易得分项。

12.2.4 工艺文档完整性及合理性

"工艺文档完整性及合理性"指标分值为 2 分，该项指标主要考察选手是否填写相关工艺文件。一般而言，选手只要能够完整、清晰地表达出对加工零件的数控编程思路，且无原则性错误和低级错误，均可得分。

工艺文件的填写可以参考前面提供的样板，依据实际情况酌情进行修改。

12.2.5 成品重量

"成品重量"指标分值为 2 分，该项指标的相关评分标准：提高设备工作效率，节约能源，应尽量减轻设计手指重量，控制两个设计手指的总质量小于 150g。即只要两个设计手指的重量在 150g 内即可得分，设计手指的重量应在第一阶段就进行控制。判断该项指标是否得分主要通过软件分析来判断。具体操作步骤如下：

第 1 步：进入 NX（UG）软件的建模环境，选择图 12-1 所示上边框条的【菜单】→【编辑】→【特征】→【实体密度】命令。

a)【编辑】命令   b)【特征】选择命令   c)【实体密度】命令

图 12-1　选择命令

第 2 步：如图 12-2 所示，选择设计的两个设计手指，接着在【指派实体密度】对话框中的【实体密度】文本框中输入 2.8，选择【单位】为克-厘米，完成修改后，单击【确定】按钮。

图 12-2　分析重量

第 3 步：如图 12-3 所示，选择上边框条的【菜单】→【分析】→【测量体】命令。

a)【分析】命令　　　　　　　b)【测量体】命令

图 12-3　选择【测量体】命令

第 4 步：选择需要进行质量分析的模型。如图 12-4 所示，在图形窗口将会显示分析结果。

第 5 步：分析结果默认显示体积，需要将结果显示修改为质量，修改完成后效果如图 12-5 所示。

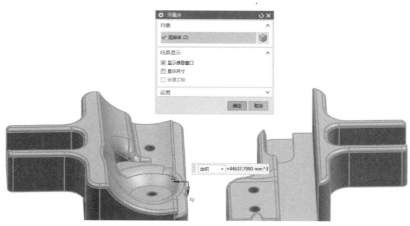

图 12-4　体积分析结果

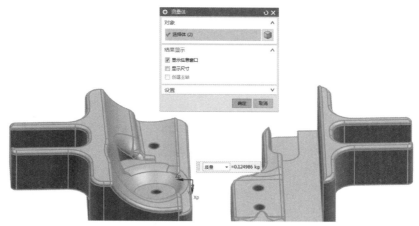

图 12-5　质量分析结果

任务 12.3　样件装配验证阶段点评

表 12-4 为 "任务七、样件装配验证" 的评分指标与分值分配,总分值为 10 分。主要指标有 "与手指气缸侧面装配间隙" "与零件接触面积" "气管快接头安装" "夹持效果"。

表 12-4　样件装配验证的评分指标和分值分配

指标	与手指气缸侧面装配间隙	与零件接触面积	气管快接头安装	夹持效果
分值	3	3	2	2

12.3.1　与手指气缸侧面装配间隙

该指标分值为 3 分,该指标的评分方式是测量设计手指和手指气缸配合面侧面的间隙。评分的标准为间隙在 0.3mm 以上可拿分,间隙在 0.1mm 以内可以拿满分。

以对设计手指 1 和设计手指 2 进行数控加工为例,装配位的尺寸控制可以通过在数控编程阶段，编制留有不同余量的装配 U 形槽的精加工程序，在加工阶段根据实际需要进行选用即可。在进行实际加工时，选用一道加工程序加工完成后，使用测量工具进行测量，根据测量结果判断是否需要继续进行加工。

12.3.2 气管快接头安装

该指标分值为 2 分。在第二阶段的比赛过程中，完成零件的加工后，将对侧面的气孔进行手动攻螺纹，完成攻螺纹后将会装配气管快接头。该项指标的具体评分依据是只要气管快接头能在设计手指 1 和设计手指 2 上完全装配，这项指标就能得分。

12.3.3 与零件接触面积和夹持效果

"与零件接触面积"指标和"夹持效果"指标的分值为 5 分。这两项指标的评分标准是完成气管快接头的安装和手指气缸的装配后使用比赛现场提供的点火开关支架进行夹持，如果能够稳定夹持，这两项指标就能得分。

任务 12.4 职业素养点评

表 12-5 为"任务六、职业素养"的评分指标与分值分配，"任务六、职业素养"的总分值为 8 分。主要指标有"设备操作规范性""工量具使用规范性""现场安全""文明生产"。"任务六、职业素养"的分值是必须拿到，不容丢失的。也是选手在操作时应该准守的。

表 12-5 职业素养的评分指标与分值分配

指标	设备操作规范性	工量具使用规范性	现场安全	文明生产
分值	3	2	2	1

为了避免在"任务六、职业素养"中因违反规定扣分甚至取消比赛资格，需要注意以下几点：

1. 常见扣分情况
1）未按操作规范操作设备。
2）比赛过程中，工、量具摆放杂乱。
3）加工过程出现断刀、黏刀等情况。
4）加工过程出现毛坯掉落情况。
5）加工过程出现过切机用平口钳情况（情况轻微）。
6）未按照要求穿工作服、劳保鞋，戴护目镜。
7）加工过程出现危险操作现象。
2. 情况严重的情况（以下情况可能导致失去参赛资格）
1）严重影响其他参赛队伍进行比赛。
2）擅自修改机床参数。
3）比赛过程出现"撞机"。
4）携带违禁物品进入赛场。

3. 常见的危险操作

1）机床正在加工时调整切削液喷头位置。

2）在未关闭防护门的情况下进行切削加工。

3）在进行机床操作时，两个选手同时进行操作。

4）在加工过程中，随意打开防护门观察加工效果。

任务 12.5　竞 赛 心 得

"工业产品数字化设计与制造赛项"由两部分组成：第一阶段的"数据采集、建模与创新设计"和第二阶段的"创新零件加工、装配验证"。竞赛由两位选手组队参加，主要考核选手对机械专业相关知识的掌握与运用，同时要求选手之间具有协作、互信、精益、专注的职业素质。

其中与数控技术相关环节分布在两个阶段，该环节主要是针对软件运用、数控加工基础知识运用的集中体现。选手围绕竞赛要求，需完成以下任务：

1）创新产品数控编程。

2）填写工艺过程说明。

3）创新产品数控加工。

4）产品装配验证。

竞赛任务之间间隔较长，容易导致选手对工艺过程、程序内容、刀具使用的混淆。因此，要合理利用赛场所提供的加工工艺过程卡，对加工过程进行详细的说明以及备注注意点和易错点。

按照编者多年指导竞赛的经验，在竞赛过程中要注意以下几点：

1）在第一阶段进行数控编程时，要预留不少于 90min 的编程时间，并且要充分利用软件自带的仿真功能，确保程序的准确性以及高效性。

2）在编程时，要考虑第二阶段可能出现加工时间不够的情况，有针对性地对部分工序（曲面加工、轮廓粗精加工等）进行多种状况编程。

3）加工环节两位选手要合理分配工作，熟悉数控加工的选手进行零件装夹、对刀、观察加工过程等工作；另一选手可根据加工工艺过程卡对 NC 文件进行核对、检查，收拾工量具等。

4）在每个环节，选手之间都要时刻互相提醒，要做到"胆大心细"；杜绝低级错误，做到"职业素养"零丢分。

在以往的竞赛交流中了解到，许多参赛队对该赛项都有"第一阶段为主，第二阶段为辅"的想法，这种想法是严重制约竞赛成绩的提升，数控加工看似占比不高，但素有"得加工者得比赛"的说法。因此在对学生集训的过程中：要加强学生数控加工基础的锻炼，压缩对刀、分中、翻面的时间，提高准确度；严格按照竞赛要求，合理操作设备、使用工量具，加强学生职业素养的养成；可人为制造突发情况，提升学生的抗压能力和应变能力。

参 考 文 献

［1］ 许琪东，冯安平. 数控加工培训及考证——多轴加工模块 ［M］. 重庆：重庆大学出版社，2019.

［2］ 王晖，张琼，杨凯. 逆向工程与 3D 打印技术 ［M］. 重庆：重庆大学出版社，2019.

［3］ 张济明，王晖，李伟昌. 反求工程 ［M］. 重庆：重庆大学出版社，2019.

［4］ 冯安平，肖宏涛. Ceomagic Design X 2016 从入门到精通实战教程 ［M］. 重庆：重庆大学出版社，2019.

［5］ 成思源，杨雪荣. Geomagic Design X 逆向设计技术 ［M］. 北京：清华大学出版社，2017.

［6］ 丁源. UG NX 10.0 中文版从入门到精通 ［M］. 北京：清华大学出版社，2016.

［7］ 北京兆迪科技有限公司. UG NX 10.0 数控加工教程 ［M］. 北京：机械工业出版社，2015.